WUZHONG QIYUAN SHAO'ER CAIHUI BAN

物种起源 少儿彩绘版

苗德岁 著 郭警 绘

接力出版社
Publishing House

绿色印刷　保护环境　爱护健康

亲爱的读者朋友：

　　本书已入选"北京市绿色印刷工程——优秀出版物绿色印刷示范项目"。它采用绿色印刷标准印制，在封底印有"绿色印刷产品"标志。

　　按照国家环境标准（HJ2503-2011）《环境标志产品技术要求 印刷 第一部分：平版印刷》，本书选用环保型纸张、油墨、胶水等原辅材料，生产过程注重节能减排，印刷产品符合人体健康要求。

　　选择绿色印刷图书，畅享环保健康阅读！

北京市绿色印刷工程

图书在版编目（CIP）数据

物种起源：少儿彩绘版 / 苗德岁著；郭警绘. —南宁：接力出版社，2014.1
ISBN 978-7-5448-3275-5

Ⅰ.①物…　Ⅱ.①苗…②郭…　Ⅲ.①达尔文学说－少儿读物　Ⅳ.①Q111.2-49

中国版本图书馆CIP数据核字（2013）第280125号

责任编辑：刘天天　　美术编辑：林奕薇
责任校对：刘会乔　　责任监印：刘　冬
社长：黄　俭　　总编辑：白　冰
出版发行　接力出版社　　社址：广西南宁市园湖南路9号　　邮编：530022
电话：010 - 65546561（发行部）　　传真：010 - 65545210（发行部）
网址：http://www.jielibj.com　　E - mail:jieli@jielibook.com
经销：新华书店　　印制：北京尚唐印刷包装有限公司
开本：889毫米×1194毫米　1/16　印张：10.25　字数：200千字
版次：2014年1月第1版　印次：2022年2月第24次印刷
印数：284 001—314 000册　　定价：88.00元

序 一

放在你面前的这本《物种起源（少儿彩绘版）》，是难得的好书。

为什么说这是难得的好书呢？

《物种起源》是影响世界历史进程的经典著作，是 19 世纪最重要的科学著作之一。可是这本科学专著，不是少年儿童能够读得懂的。这本书的英文原著书名叫《On the Origin of Species by Means of Natural Selection, or the Preservation of Favoured Races in the Struggle for Life》，意即《论借助自然选择（即在生存斗争中保存优良族）的方法的物种起源》。这长长的书名就给人一种"玄"而艰深的感觉。

难得有《物种起源（少儿彩绘版）》这样的好书，用生动活泼的语言，配上彩色的插图，图文并茂把如此经典的科学著作加以演绎，让小读者都能看懂，而且津津有味。这是极不容易的。这本书从达尔文有趣的故事说起，讲述了《物种起源》诞生的背景，然后用浅显的语言讲述《物种起源》的基本理论，最后又归结到《物种起源》之后的达尔文的故事，有头有尾。

能够深入浅出讲述《物种起源》这部科学大书，首先在于作者苗德岁博士的"深入"：他多年潜心研究《物种起源》。他用两年的时间重新翻译了达尔文《物种起源》最重要的第二版，深刻领会《物种起源》的要旨。正因为这样，他能够如此通俗明白地向小读者讲述《物种起源》。

特别难能可贵的是，作者作为《物种起源》专家，能够"浅出"：在《物种起源（少儿彩绘版）》中用的不是专家的语言，而是少年儿童的语言，诸如"亨斯娄教授身后的跟屁虫""大学城倒成了'快活林'""老爸这关不好过"等。作者善于用启发式的手法，引导小读者思索大自然的奥秘，诸如"长颈鹿的脖子为什么这么长""怎么那个男孩的女儿又是蓝眼珠了"等。

多多提倡像苗德岁博士这样的科学家能够多为小读者写科普好书。科学兴，中国兴；少年强，中国强。

叶永烈

2013 年 10 月 31 日于上海"沉思斋"

序 二

能够应邀为苗德岁先生写的书作序，确实是一件十分荣幸的事情。

刚开始听说他在为接力出版社写《物种起源（少儿彩绘版）》一书的时候，我还感到有些吃惊。因为我知道他刚刚完成了译林出版社出版的达尔文的《物种起源》的翻译工作。翻译这本巨著可真不是一件容易的事情（说来惭愧，当初出版社的编辑曾找到我，问我能否翻译，我毫不犹豫地推荐了苗德岁先生，他是我心目中的不二人选）。况且，我之前也没有见他写过针对少儿的文章，更何况是一本书！

看了编辑寄来的书稿，让我大吃一惊。文字不仅简洁、优美，而且十分通俗易懂，特别是一个个小的标题又是那么的吸引人。虽然对他的文字天分我最有体会，看到这本书稿，还是让我再次刮目相看。

算起来，我与苗德岁先生的缘分很深。他1982年赴美留学，我刚刚进南京大学，1984年暑假他回国探亲，来母校南京大学地质系给我们这些小师弟、小师妹们开眼界，因此在学校的时候老师们就早已给我们说过不少他的传奇故事。1986年，我考研到了中国科学院古脊椎动物与古人类研究所，这时他离开这个研究所已满四年，研究所的老师们都还在传说他的中、英文的厉害呢，颇有点儿"满村尽说蔡中郎"的情形。1995—1999年我在美国堪萨斯大学读博士，他已经在那儿工作了好几年。终于我得到了他的言传身教。在美国四年，我记忆最深的是几乎每天中午他与我的美国导师马丁教授在一起摆"龙门阵"的情景，他们的话题上至天文，下到地理、历史、文学、艺术、宗教、时政、同行前辈的逸事等，无所不包。我的导师本身就是位"杂家""侃主"，但苗兄毫不示弱，他们谈天说地、妙语连珠，当时令我好生羡慕。我私下曾向他请教提高英文水平的门径，他让我订阅英文杂志《时代周刊》，看晚间电视的脱口秀节目。遗憾的是我本人这方面的天分并不高，所以英文听说读写的能力提高得并不尽如人意。他还帮我改英文，讲文学，海阔天空，无所不谈。他扎实的中、英文功底，加上对美国文化的深入领悟，使得他对中英双语间的互译，常常令我叹为观止，自愧不如。

苗德岁此前曾翻译过美国时代公司的"生活－自然文库"之一《山》（科学出版社，香港时代公司，1982），中科院院士工作局暨学部科学道德委员会特邀他翻译过《科研道德：倡导负责行为》（北京大学出版社，2007）。此外，这些年他还为不少的书籍、学术刊物担任英文编辑，在不少的大学、研究所作过英文写作和翻译、科研道德以及"达尔文与物种起源"的讲座，深受欢迎。

2012年10月，英国《新科学家》杂志公布了最具国际影响力的十大科普书籍的评选结果，《物种起源》名列第一，被称为是"有史以来最重要的思想巨著"。可是，《物种起源》涵盖了博物学、生物学、地质古生物学、生物地理学、生态学、形态学、分类学、胚胎学、行为科学等很多领域，成人读起来都不那么容易，如何介绍给少年儿童呢？据我所知，无论国内还是国外，像这样把《物种起源》的思想几乎原汁原味地介绍给小朋友们的书，尚无先例。苗德岁先生敢于大胆尝试，本身就很不简单，可是我读后发现，他做得还相当成功。他不仅阐释了《物种起源》原著中最为精彩的进化论的主旨和例证，而且介绍了一些科学方法论方面的基础知识，甚至还巧妙地穿插了一些中文的典故，如螳螂捕蝉、项庄舞剑、鸠占鹊巢等。他在介绍《物种起源》正文之前以及其后的两个部分里，还分别介绍了达尔文的生平、随贝格尔号皇家军舰环球考察的经历、《物种起源》成书前后的逸事以及该书对科学和人类思想史的重大影响等。更值得一提的是，该书的各个部分和各节均独立成篇，因此，孩子们无论是从头至尾地认真阅读，还是漫不经心地信手浏览，都会收到"开卷有益"的良好效果。

苗德岁先生深厚的语言文字功底，我觉得一半来自天赋，一半来自他对世界文学的爱好。他既有过目不忘的资质，又有手不释卷的习惯。再加上他对地质古生物学、进化生物学包括达尔文进化论的准确理解，我相信这样一本奉献给少年儿童的作品一定十分令人期待。不仅如此，由于进化论这一伟大的理论在中国虽然传播百年，然而由于时代和政治的影响，其科学意义常常受到曲解或不完整的解读，所以我认为，对于缺乏生物学背景的一般成年读者而言，这本书也不失为一本难得的科普读物。我在此郑重向家长和小朋友们推荐这本书，我相信，孩子们读后，不仅能学到科学知识并激发他们热爱科学和崇尚科学的热情，而且也会享受到阅读的愉悦。我想，这大概也是本书作者倾心尽力撰写此书的初衷吧。

周忠和

2013年10月30日

目 录

《物种起源》出版后的达尔文

结束语

前　言

亲爱的读者小朋友们：

首先，我很想知道，是你们自己发现这本书，并且想要读这本书的吗？

我之所以问这个问题，是因为我在你们这个年纪的时候，可供孩子选读的书很少。我爸爸上的是旧学堂，他总是爱给我《唐诗三百首》《古文观止》之类的书，让我阅读和背诵，他认为那些东西很美、很重要。我猜想，你们现在之所以翻开这本书，或许也是因为你们的爸爸妈妈觉得这类外国经典很酷、很重要，他们在书店里看到了，就买了来送给你们，让你们去读。你们说，这帮大人有时候是不是挺没劲的？

可不是嘛，我小时候也是这么认为的！你们说说看，让你摇头晃脑地背诵"鹅，鹅，鹅，曲项向天歌"也就罢了，还要让你去背诵"落霞与孤鹜齐飞，秋水共长天一色"，你说这烦不烦人啊？说实话，那时候，我真觉得烦死啦。大概到了上初中之后，我突然感到这些东西似乎不那么烦了，还开始有点儿喜欢。长大以后，对小时候囫囵吞枣地背过的东西，慢慢地加深了理解，倒还真的喜欢上了，反过头来又庆幸老爸当年逼着我背下来的那些东西，一直都还没有忘掉呢。

但老实说，我像你们这么大的时候，更喜欢读中外科学家的传记，还有《十万个为什么》之类的读物，因为周围世界让我好奇的东西实在是太多了！据说，所有人类的伟大发现，都是由简简单单的好奇心引起的。比如，树上的苹果掉下来，牛顿很好奇，结果他发现了万有引力定律。并且，伟大的科学家，一般都能终生保持孩子般的好奇心，就像爱因斯坦那样。

达尔文也是这样。他脑袋里琢磨的问题可邪乎啦：我们，还有我们周围形形色色的动物、植物都是从哪里来的？又是怎么变成现在这个样子的？我们和这些动植物之间有没有什么关联呢？

你们想过这些问题没有？你们想知道这些问题的答案吗？如果想的话，那就继续读下去，看看150多年前达尔文是如何帮助我们找到答案的。

苗德岁

浪子回头金不换的达尔文

英国出了个达尔文

达尔文
（1809.2.12—1882.4.19）

你小时候有没有问过你的爸爸妈妈，你是从哪儿来的？我就这么问过，我妈说我是从路边捡来的——当然，那是因为她不好意思说，是她和爸爸生了我。世上很多人问过这个问题，有的人会刨根问底，一直问到我们的远祖是从哪里来的。对这一问题，以往从来没人能够给出令人信服的答案——直到 1809 年，英国出了个达尔文。

查理士·罗伯特·达尔文 1809 年 2 月 12 日出生于英国的一个小城舒伯里，父亲罗伯特·达尔文是当地的名医，母亲苏姗娜（也是达尔文父亲的表妹）是英国著名制陶商、大富翁韦奇伍德的女儿，按今天的话来说，他是个不折不扣的"富二代"。这对他以后事业上的成功非常重要，因为他一生不需要为生活发愁，可以专心致志地干自己所喜欢的事，而不用为了谋生去干他不喜欢的工作。

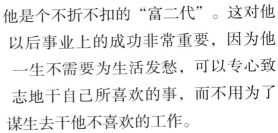

达尔文 8 岁时，他的母亲因病去世，给达尔文兄弟姐妹们留下了一大笔遗产。之后，达尔文的三个姐姐照顾他，教他读书识字。他从 9 岁到 16 岁在舒伯里公学上学，1825 年，他 16 岁的时候，被父亲送到爱丁堡大学去学医。

19 世纪的比尔·盖茨

　　他在爱丁堡大学医学院学习了两年，可是他对学医一点儿也提不起兴趣来。他感兴趣的是跟一个叫罗伯特·格兰特的生物老师，去研究海洋里的一种软体的动物。在医学院课程里特别让他受不了的，是观看给病人做手术，因为那时候还没有麻醉药物。在一次给一个小男孩做手术时，那个小孩的惨叫声实在让达尔文不忍心再待下去，于是他便冲出了手术室，也从此离开了医学院。

　　达尔文的中途退学，真可以跟比尔·盖茨从哈佛大学退学有的一比。他们两人从名校毅然退学，去追寻各自的梦想，从某种意义上来说，都一定程度地改变了世界。

一位拙劣的预言家

　　达尔文的父亲原本期望达尔文能继承他的事业，可这小子却偏偏半途而废了，这对他家这一当地的名门望族来说，无疑是一件"不光彩"的事。达尔文的老爸气愤地训斥他：你小子整天不干正事，就知道养狗、打猎、捉耗子，你将一事无成，不但给你自个儿丢脸，也给咱们家丢脸！

达尔文故居

　　罗伯特·达尔文虽是一方名医，却是一位拙劣的预言家 [1]。

———————————
[1] 第一部分的引语，均出自珍妮特·布朗《达尔文的〈物种起源〉》（Janet Browne, 2006, *Darwin's Origin of Species*）。本书引用的文字，均以蓝色标注。

剑桥的快乐时光

达尔文的父亲不想让自己的儿子成为小混混，于是把他送到剑桥大学的基督学院学习，希望把他培养成一名牧师。在当时的英国，牧师这种职业既体面又清闲，达尔文老爸琢磨着：即使达尔文对自然历史一直这样着迷下去，今后他当了牧师，也会有很多业余时间去干他所爱好的事。

1827年，年满18岁的达尔文进了剑桥大学。

大学城倒成了个"快活林"

剑桥大学的希腊语、拉丁语、西方经典以及神学方面的课程，仍旧提不起达尔文的兴趣。他又迷上了采集甲壳虫。他采集的甲壳虫标本可多啦，有些现在还收藏在剑桥大学自然历史博物馆里呢！他依然打猎（射猎狐狸和鸟），采集各种各样的博物标本，还跟一帮哥们儿相互交换标本。

"晚上，我们经常在一起聚餐，虽然这些哥们儿中有不少体面人，但有时酒喝得太多了，酒后就在一起唱歌呀，打牌呀。现在看来，那时候应该多干点儿正事才是；可是年轻的心相聚时的那种朝气和欢乐，如今回忆起来，也还有点儿乐滋滋的呢！"

亨斯娄教授身后的跟屁虫

剑桥大学悄悄地起着变化，年轻的教授中出现了一些自然科学家。达尔文很快地跟其中两位30来岁的教授混得很熟，一位是植物学家约翰·亨斯娄，另一位是地质学家亚当·塞奇维克。

尤其是亨斯娄教授，他发现达尔文是个值得培养的人才，常邀请他到自己家里参加一些科学家的聚会。后来，在校园里总能看到他们俩走在一起，所以同学们给达尔文起了个外号——"亨斯娄教授身后的跟屁虫"。

他并不是个吊儿郎当的学生

当你快快活活地生活的时候，就会觉得日子过得特别快。一转眼，达尔文在剑桥读完了4年大学。你们猜猜看，1831年近400名毕业生中，达尔文在毕业考试时排在多少名？倒数第一？不对！前50名？也不对！他竟然考了个第十名！

带着这份喜悦的心情，达尔文在毕业考试结束后，跟随地质学家塞奇维克到英国西南部的威尔士去考察野外地质。两周中，他实地学到了很多的地质知识。

回到剑桥后，一封改变他一生命运的信在等着他……

终生难遇的机会

达尔文不打开信便罢，一打开信就高兴得跳了起来！亨斯娄教授已经把他推荐给了英国皇家海军贝格尔号考察船的船长，他将以船长的陪同人员与随航博物学家的双重身份，参加贝格尔号的环球考察。

爸爸这关不好过

但是，达尔文的随船考察，并不是一份免费的午餐——他是自费的。达尔文拿着这封信兴冲冲地跑回家，向爸爸汇报这个喜讯。谁知爸爸一听就来火，甩给儿子两个字——没门！

达尔文知道，爸爸并不是心疼自费那几个钱——达尔文家"不差钱"，但是爸爸觉得这小子放着好好的牧师这一正业不干，却又要去云游四海，而且一去就是好几年，这怎么能叫他放得下心、舍得让儿子去呢？

这兜头一盆冷水浇得达尔文顿时凉了半截。他一下子没辙了……

可是，达尔文不是遇到困难就回头、碰上艰险绕着走的人。他左思右想，这个世界上只有一个人能让他的爸爸改变主意，那便是他的舅舅（也是他未来的老丈人）韦奇伍德先生。

于是他就奔往外祖父家搬救兵去了……

我看这孩子将来有出息

达尔文的舅舅是个蛮有眼光的人。4年前，让达尔文将来成为一名牧师，也是他的主意。

韦奇伍德先生被外甥请来之后，对达尔文的爸爸说：罗伯特，我看查理这孩子想去参加环球考察的事，是件大好事呀！这是多么难得的机会啊！你看，现在英国到处都在讲自然神学[1]，举国上下都对自然历史很感兴趣。查理出去开开眼界、长长见识，说不定将来会在这方面折腾出点大名堂来呢！

达尔文爸爸的心被说动了。

你答应我回来后去做牧师

其实达尔文的爸爸对他只有一个要求，那就是要他环球考察回来后，就老老实实地去做牧师。

达尔文果断地说："我一定会！"

他回来后不仅没有去当牧师，而且连基督教的基石"创世论"都给动摇了。

达尔文在剑桥上学时，花钱大手大脚，他爸爸对此很不满意。这时达尔文乘机对他老爸说："您过去不是嫌我乱花钱吗？如果我整天待在船上，就是再聪明，钱也没地方花呀！"

达尔文的爸爸回答说："哼，你别来糊弄我——人家都说你是很聪明的！"

---

[1] 自然神学最有名的例子是用手表所做的类比。比如你走在路上，踢到一块石头，你可能不把它当作一回事，不会追问它是怎么来的。可是，如果你踢到的是一块手表，你肯定会纳闷它怎么会出现在那里，因为它不是大自然的产物，一定是某个钟表匠制造出来的，又不知是什么人不小心丢在那里的。相信自然神学的人因此就会推论说：手表上的每一个被加工的迹象，每一个精巧设计的表现，在自然产物中也同样存在。既然手表肯定是钟表匠设计和制造的，那么大自然也有一个创造它的智能设计者——这就是上帝。他们因此用自然产物（比如我们的眼睛）的精巧，来赞美其设计者上帝的高明。

跨过万水千山

1831 年 12 月 27 日，22 岁的达尔文随贝格尔号起航，途经大西洋中的佛得角群岛，沿南美海岸，越太平洋，经加拉帕戈斯群岛，抵澳大利亚，经毛里求斯，越东非海岸，经好望角，返回英国，历时近 5 年。你能在图中的航线上找到这些地方吗？

"贝格尔号之旅是我一生中最重要的事件，它决定了我的整个科学生涯。"

用地质学家莱尔的眼睛看世界

达尔文带上船的最重要的一本书，是刚出版的查理士·莱尔的《地质学原理》第一册（在途中他又陆续收到了后来出版的第二、第三册）。他认为，我们今天所能看得到的地震、火山爆发、海浪冲蚀海岸、冰川、泥石流、江河湖海里的泥沙堆积等现象，在过去地球上的千百万年间一直持续、均匀地发生着。

达尔文在南美上岸后，考察了几乎整个安第斯山脉，他观察到许许多多的地质现象，就像莱尔书中所说的一样。

说到地震，你猜达尔文能走运到什么程度？

他竟然被地震给震醒了！

在智利考察时的一天，达尔文正躺在一棵树下午休，突然被巨大的震动所惊醒，这一大震持续了两分钟——他恍然大悟：耶！这就是莱尔书中所说的地震呀！

1834年的这次智利大地震还引起了巨大的海啸，它们所造成的破坏和地貌的变化，把达尔文给惊呆啦。他给亨斯娄的信中写道：原来地球发起怒来这么可怕，那它在亿万年间发生了多少变化啊！

他脑子里奇异的想法还多着呢！

他的脑子里塞满了问号

他刚到南美时，发现了一些大树懒和犰狳的化石，它们跟当地活蹦乱跳的同类很相似，但又有明显不一样的地方。这究竟是为什么呢？

后来到了加拉帕戈斯群岛，他又在生活在相邻小岛上的动物身上，看到了同样的情况。这里有各种各样的大龟，还有嘴巴形状各不相同的地雀。这也太神奇了！如果这些都是上帝——单独创造出来的话，他老人家是不是有点儿太不嫌麻烦了呢？

1836年10月2日，达尔文回到了英国，他虽然还不是演化[1]论者，但脑子里却装着个斗大的问号。

---

[1]　演化，evolution，也译作进化。

有史以来最棒的想法

带着满脑子的问题，达尔文一回到英国，就找有关专家帮助鉴定他采回来的各种标本。其中对他帮助最大的是鸟类学家约翰·古尔德——他很快地告诉达尔文，加拉帕戈斯群岛上每个小岛的地雀，都属于各不相同的种。

同一祖先的不同后代

难道它们来自同一个祖先？

"看到这么一小群如此密切相关的鸟类，在构造上的多样性与过渡性，人们不禁会想：在这个群岛上原有的鸟类种类稀少，现在看到的这些形形色色的种类可能都是从一个物种演化而来的。"

另外，他在南美发现的化石与现在的动物十分相似，更让他好奇地想到：这不正体现了一种祖先与后代之间的"连续性"吗？

7 本秘藏的笔记本

这时他开始在一系列 (A–E, M, N) 秘藏的笔记本上，记录着他的想法。在 1837 年 7 月左右开始的"笔记本 B"中，他就认为：某种演化已经发生，不仅在加拉帕戈斯群岛上，而且涉及一切，包括人类。

一本书让他豁然开朗

1838 年 9 月，达尔文无意间读到了马尔萨斯的《人口论》，对他来说，这真是拨开迷雾见青天！

一个可以借助的理论

马尔萨斯的理论很简单：人口总是增长很快，食物生产却跟不上趟，但由于饥荒、疾病、战争等因素，很多人会死掉，结果人口大致保持平衡。

哇！达尔文一想：自然界中不也是这样吗？

1838 年 9 月 28 日，他在笔记本 D 中写道：太多的生物个体出生，自然界中有战争和生存斗争。结果，劣者或弱者先死，留下优胜的、健康的或更能适应的个体。这些个体留下了后代，如此反反复复地传下去，生物就变得越来越适应它们的生存条件了——这就是"自然选择"。

"就像承认是杀了人似的"

西方宗教告诉人们，世上万物都是上帝在大约 6000 年前的 6 天之内创造出来的，物种是固定不变的（即"物种固定论"）。现在，达尔文却认为生物是在漫长时期内通过自然选择逐渐演化而来。连他本人都觉得这一想法太可怕了。他给植物学家约瑟夫·胡克的信中写道："我确信，物种不是固定不变的，这就像承认是杀了人似的，真是可怕。"

1844 年他把这一想法写了下来，深藏了 15 年，直到一封远方来信使他抓耳挠腮、坐立不安。

一本划时代的书

达尔文心里很清楚，不同凡响的想法，需要不同寻常的证据来支持才行。他在 1844 年写下了 250 页长的论文之后，偷偷地把它藏了起来，继续搜集各方面的证据，他计划为这一想法写一本 1200 页的"大书"。谢天谢地，半路上杀出了个华莱士，使他的这一计划泡汤，也使我们今天能读到较为简明扼要的《物种起源》。

半路上杀出了个华莱士

1858 年 6 月 18 日，达尔文像往常一样，收到了一大堆邮件，其中有一个小包裹，引起了他的特别注意，这是从东印度群岛寄来的，寄包裹的人叫阿尔弗雷德·华莱士。华莱士的名字并不陌生，他是个青年博物学家，以前曾给达尔文寄送过标本。达尔文以为华莱士又寄什么好标本来了，便急忙地打开包裹。

包裹里没有标本，是一封信以及一份有 20 多页长的论文的稿子。华莱士在信中说：这是我最近写的一篇稿子，请您看一看，如果您觉得它有些价值的话，能不能请您替我代投到《林奈学会会刊》？

达尔文匆忙地翻了翻华莱士的手稿，他顿时傻了眼……

"我从来没见过这样的巧合"

　　达尔文发现，华莱士的文稿中，提出了跟自己完全相同的自然选择的理论，同样受到了马尔萨斯《人口论》的启发，推理的步骤也一模一样，连有些用词都完全相同！

　　达尔文几乎崩溃了，他辛辛苦苦工作了 20 多年的成果，眼看着优先权就要落到华莱士手中了。天哪，这该怎么办？他立马给在林奈学会里说一不二的好朋友莱尔写信。

好朋友两肋插刀

　　莱尔接信后与胡克商量，他们认为：达尔文早在 15 年前就提出了同样的理论，并私下告诉过这两位朋友，所以优先权应归于达尔文。他们二人安排在 1858 年 7 月 1 日召开的林奈学会年会上，先后宣读达尔文与华莱士的论文。达尔文与华莱士都没有到会。

　　达尔文再也不能拖延了，他花了 8 个多月的时间，从他计划的"大书"里抽出精华来——1859 年 11 月 24 日，《物种起源》问世了！

　　你想知道这本书说了些什么吗？请接着往下读。

　　"我从未见过这等的巧合：即便华莱士看到我 1842 年写出的草稿，他也不可能写出更好的摘要！甚至于他的用词，都跟我的一样。"

物种起源

人类的魔法

达尔文的难题

到目前为止，生物学家们已经描述了大约 170 万种生物。其中光是昆虫，就有 100 万种。它们分布在世界各地，生活在各种各样的环境中。那么，这么多的生物物种到底是从哪里来的呢？达尔文的一位哲学家朋友说，这是个解不开的"谜中之谜"。达尔文却偏偏不信这个邪，他写《物种起源》，就是要解开这个谜。让我们从第一章"家养下的变异"开始，跟随达尔文的步伐，看这个谜题是怎么被他层层解开的。

世上万物是上帝创造的吗？

对物种是如何起源的，直到 19 世纪开始的时候，欧洲一直流行着一种理论，叫"特创论"。按照特创论的说法，世上万物都像《圣经》上所说的那样，是上帝在创世的 6 天之间，逐个地创造出来的。在这之后，每个物种基本上是固定不变的，种内的变异因而是非常小的。上帝造物的行动，发生在不太遥远的过去。1664 年，一位爱尔兰的大主教曾"精确"地算出，人类是上帝在公元前 4004 年 10 月 26 日上午 9 点创造出来的。也就是说，离今天只不过 6000 年左右。

在相当长的一段时间里，人们对这一解释，似乎感到很满意。

特创论不科学

对于特创论的解释，达尔文开始也没有觉得有什么特别不对的地方。可是，到了1830年左右，随着地质学、生物学等科学研究的兴起，至少一部分科学家开始对特创论产生了怀疑。正是在这个节骨眼上，达尔文跟随贝格尔号军舰，进行了环球考察，途中所见的一切，使他大开眼界。他慢慢地认识到，特创论好像不是一种科学的理论。

牛顿

什么是科学理论？

科学理论一般要包含两个方面。一方面要指出一些事实，这些事实还得有规律性。比如，你试试看，往上方扔任何一样东西，它总会往地下落，而不是向天上飞。这就是一种有规律的现象。科学理论的另一方面，是要回答为什么会出现这一有规律的现象。比如，牛顿说物体下落的现象，是由于引力的作用；这种来自地球的无形的力，拉着所有的物体下落，包括他家院子里苹果树上的苹果。

那么，达尔文该怎么说服大家，让他们明白特创论不科学呢？

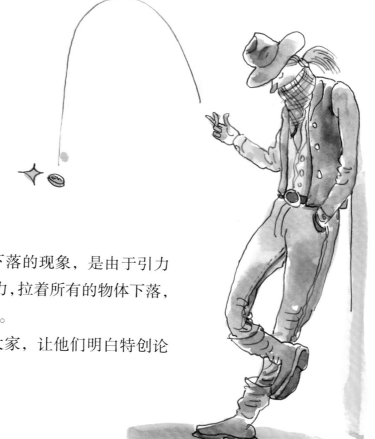

达尔文真的很聪明

达尔文就从这两个方面入手，来检验特创论究竟能不能算是科学理论。如果特创论所讲的东西不是事实，或者特创论所给的理由站不住脚的话，那么它就不能算是科学理论，就应该被推翻。

谁见过上帝？

特创论给的理由包括：

● 所有物种都是逐个独立地创造出来的；

● 它们不会随着时间的推移而发生变化；

● 它们是不久以前才被创造出来的。

上面这三点，需要有一个特殊的、超出自然的神力来完成，特创论者认为这就是上帝的神力。可是，谁见过上帝呢？

事实上，谁也没见过上帝！但是，你如果说上帝不存在，那也很难令人信服。因为我们没见过的东西，并不一定不存在。达尔文说，那好办，先让我们看看上面这三点说得究竟对不对。

要推翻特创论，达尔文必须证明上面的三点是不对的。达尔文花了20多年的时间，搜集了大量的证据，证明以上三点都不能成立。

眼见为实

美国的密苏里州，绰号叫"眼见为实州"。这个绰号的来历很有趣，该州在20世纪50年代出了个美国总统，叫杜鲁门，他在竞选总统时，口头禅是"眼见为实"。

达尔文也懂得"眼见为实"的道理。要反驳特创论的上述三点，最直接的要数物种固定不变这一点了。尽管他在加拉帕戈斯群岛，见过物种变异的神奇例子，但大多数人没见过，谁会信他呢！于是他从大家熟悉的英国的城乡田园、阿猫阿狗、花儿草儿和蔬菜说起，从当时人们所热衷饲养的鸽子说起……

人工选择像魔术师手中的魔棒

不论是栽培的植物，还是家养的动物，个体之间的差别都很大。

比如，同一个果实生出的树苗，一只猫下的同一窝小猫，是不是都不一样呢？这种"不一样"，就叫作个体变异。

还有我们常吃的卷心菜、大白菜、花菜和西兰花，这些都是人们从一种野生甘蓝培育出来的。

谢天谢地，有了变异，生物世界才会如此丰富多彩！可是，新产生的变异如何能保留在子孙后代身上呢？这就得靠"遗传"啦！

17

"龙生龙，凤生凤"

你有没有照过镜子，看看镜子里的你，是更像你爸爸，还是更像你妈妈？为什么孩子长得会像爸爸妈妈、爷爷奶奶，有时甚至会像叔叔或舅舅、姑妈或姨妈呢？

"龙生龙，凤生凤，老鼠生儿会打洞"，这是中国的一句老话了。英国人也有类似的说法，叫作"同类生同类"。可见早在现代科学发展之前，人们就注意到了"遗传"这一现象。

遗传决定了你的"身份"

有的人身上生有很多白斑（又称"白化病"），还有的人身上的毛很长，而这些特征，会出现在同一家人的好几个人身上（也就是遗传）。如果连这样稀奇古怪的特征都会遗传的话，那么，常见的特征自然也会遗传了。

可惜达尔文那时还不知道，生物的特征（性状）是通过一种叫作"基因"的东西由父母遗传给后代的。不然问题就简单得多了。现在我们知道，如果一位父亲怀疑孩子不是自己亲生的，可以到医院去做亲子鉴定，就是检查孩子的基因是不是从这个父亲那里遗传下来的。你看，是遗传决定了你的真实"身份"。

遗传与变异是演化的左膀右臂，缺一不可

没有变异的话，大家都长得一模一样，张三李四分不开，谁也认不出谁来，那世界还不乱了套？没有遗传的话，变异不能传递下去，生物演化的接力赛，就找不到下一棒的接棒者，也就跑不下去了，那么大家不都全完蛋了？

为什么会出现变异？

达尔文没能发现基因（遗传因子），他也就搞不懂为什么会出现变异，可是，他做了很多的推测。

他认为，一些轻微的变异，与生活条件相关：食物充足的话，个头会增大；住在非洲赤道附近的人由于晒太阳多，皮肤便特黑；气候寒冷的地方，动物身上的毛皮就厚。

他又想到习性肯定会有影响，比如，在不同气候下，植物开花期会发生变化。动物所受的影响更明显，比如，家养的鸭子比它的野生祖先要飞得少而走得多了，所以整体上来说，它的翅骨要比野鸭的翅骨轻，腿骨却比野鸭的腿骨重。

达尔文有着非凡的想象力，他甚至想到了一条神秘的定律！

神秘的生长相关律

达尔文发现："不生毛的狗，牙齿就不健全；毛长与毛粗的动物，据说有角长或多角的倾向；足上有羽毛的鸽子，外趾间会生有皮；嘴巴短的鸽子足也小，而嘴巴长的鸽子足也大。"[1] 他管这叫"生长相关律"，要是你掌握了这个，就能按照自己的喜好来培育自己的宠物啦！（前提是把这本书彻底看完。）要不要来一只长嘴巴大脚丫的鸽子？

_____
[1] 第二部分的引语均出自达尔文《物种起源》。

人工选择真给力

没有别的家养动物比鸽子更能显示出人工选择的力量啦！

如果选出 20 种鸽子，交给鸟类学家，并且告诉他这些都是野生鸟类的话，他准会把它们定为不同的物种。比如，英国信鸽、短面翻飞鸽、侏儒鸽、短喙鸽、凸胸鸽以及扇尾鸽。它们外表差异太大了，如果不知道它们都是从岩鸽那里，经过人类驯化和选择而来的话，任何鸟类学家都不会把它们放在同一个属里！

不同变种的鸽子

但是，家养生物身上的特性，是人类为了自己使用或喜好而选择的，并不考虑生物本身的利益。让我们来看看，人类是如何根据自己的需要来"选择"它们的很多特性的。

人工选择的原材料

前一节列举的那些鸽子，真是奇形怪状。可你想过没有，为什么家养生物经常会出现这些畸形的特征呢？一种说法是：人们大多喜欢稀奇古怪的东西。

换句话说，大自然所提供的一些细微的变异，是人工选择的原材料。就这样，人们利用这些自然的变异，在家养生物身上，培育出了各种各样的特征和习性。因为这些特征和习性在它们野生祖先身上从来也没出现过，因而，如果这是在野生状态下，这一家养品种很可能就会被认为是新种了。

同样，野生生物也有变异，这些变异也会受到自然环境的选择。因此，达尔文在这里像相声演员那样埋下了个大包袱，下一节的题目就抖出了这个包袱。

"一个人只有看到一只鸽子尾巴出现了一些异常，他才会试图培育出一种扇尾鸽；同样，只有当他看到一只鸽子的嗉囊已经大得有些出奇的时候，他才会试图去培育出一种凸胸鸽。任何特征，在最初发现时表现得越是畸形或越是异常，就越有可能引起人们的注意。"

大自然的鬼斧神工
"天定胜人"

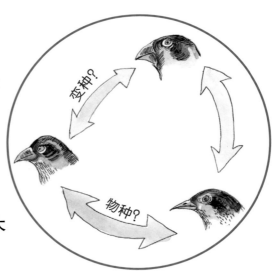

达尔文在《物种起源》第二章"自然状态下的变异"里指出，像家养生物一样，野生生物的变异也是无处不在的。像人工选择一样，只要给予足够的时间，通过自然选择，完全能够产生我们今天所见到的丰富的生物多样性。人工选择所能达到的，大自然也能通过选择而达到，并且会更好！

差别就是动力

由于遗传的缘故，同一父母所生的子女，尤其是双胞胎，一般长得很相像。即便如此，他们也不会像一个模子里铸造出来的那样，完全一模一样。还记得我们上面讲过的吧？这种差异，叫作"个体差异"，这是遗传过程中发生的变异所引起的。野生生物也是如此，在同一窝生下来的小狼崽里，相互之间也不完全一样。

前面讲过，在家养生物中，大自然所提供的一些细微变异，是人工选择的原材料。同样，在野生生物中，这些个体差异，也就是自然选择的原材料。

千万不要小看这些差异哦，多样性为大自然注入了活力，也使这个世界更加丰富多彩。如果大家都一个样，那该多没劲……

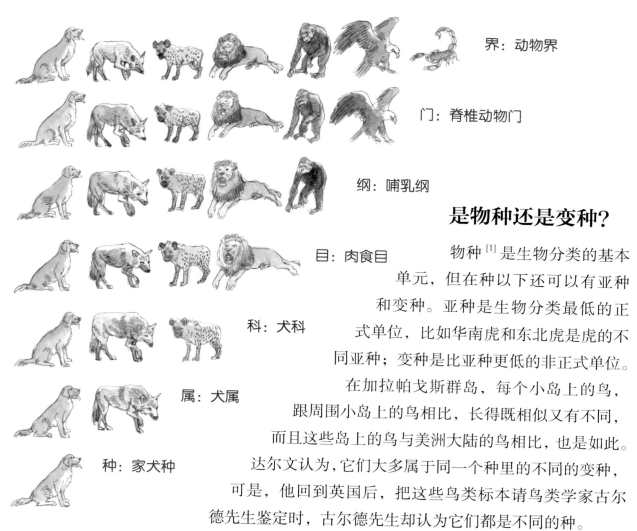

界：动物界

门：脊椎动物门

纲：哺乳纲

目：肉食目

科：犬科

属：犬属

种：家犬种

是物种还是变种？

物种[1]是生物分类的基本单元，但在种以下还可以有亚种和变种。亚种是生物分类最低的正式单位，比如华南虎和东北虎是虎的不同亚种；变种是比亚种更低的非正式单位。

在加拉帕戈斯群岛，每个小岛上的鸟，跟周围小岛上的鸟相比，长得既相似又有不同，而且这些岛上的鸟与美洲大陆的鸟相比，也是如此。

达尔文认为，它们大多属于同一个种里的不同的变种，可是，他回到英国后，把这些鸟类标本请鸟类学家古尔德先生鉴定时，古尔德先生却认为它们都是不同的种。

其实，达尔文心里并不十分服气。他认为：物种与变种并没有什么本质上的区别，变种只是指相互区别比较小的一些类型而已。同样，变种这个名词与单纯的个体差异相比的话，也不过是为了方便随意拿来用用罢了。

他言外之意是，如果连什么是物种、什么是变种都搞不清楚，那么，物种怎么会是固定不变的呢？

哈！你看达尔文表面上不动声色，其实他是在质疑物种固定不变的观点呢。

---

[1] 物种是指一类在自然条件下能够自由交配，并能生育后代，而且这些后代也能够生育的生物群体。比如，黄种人、白种人以及黑人之间，能够交配并能生下有生育能力的后代，因此尽管我们的肤色不同，很多身体特征也有差异，但同属于一个物种，即智人。我们通常所说的不同人种，是指不同的种族（类似于变种）而不是不同的物种。因此，不同人种之间的后代（即俗称的"混血儿"），不能称作"杂种"。只有马和驴杂交所生的骡子，才叫杂种，而杂种是没有生育能力的。

达尔文眼中的物种是啥？

物种的变化

物种不是固定不变的，华南虎和东北虎现在虽是同一个种，如果持续发生变化，将来也许会变成不同的种。而大象中的亚洲象和非洲象，它们的远祖可能曾是同一个种，后来它们之间的差异越来越大，在千百万年后的今天，竟变成了两个不同的属。

新物种是怎样产生的？

达尔文认为，从一个阶段的差异过渡到另一个更高阶段的差异，是自然选择的结果。这种持续的变异与遗传，经过长期的积累，引起了生物结构方面的较大差异，先是在同一个种里产生了各种不同的变种，而其中比较显著的变种，跟原来的种之间差别越来越大，就成了雏形种（即新种的萌芽），并最终变成了新的物种。比如，美国大峡谷两侧的松鼠，由于地形阻隔，差别越来越大，现在已经形成两个不同的物种。

由于变异是普遍存在的，遗传是不可避免的，先前的一个物种里，可以演化出一个或多个新的物种。长期下来，世界上五花八门的物种就这样产生出来了。

换句话说，新物种的产生根本不需要求助上帝！

类群之下又分类群

前面介绍生物分类时，我们看到生物分类是阶梯式的，也就是说类群之下又分类群。而每一个类群的大小是不同的，有的属里只有一个或几个种（人属现在幸存的只有我们"智人"一个种），而百合花属却有100多个种。达尔文称前者为"小属"、后者为"大属"。

达尔文把物种看成是从特点显著的变种演变来的，那么，每个地区大属的物种自然会比小属的物种产生更多的变种，因为一般来说，在同一个属里已经形成了很多物种的地区，应该正在形成很多的变种或雏形种。这就像在有很多大树生长的地方就会找到很多幼树一样。

达尔文掉转枪口

如果物种曾经作为变种生存过，并且也是由变种起源的，那么，上面所讲的大属的物种应该比小属的物种会产生更多的变种，就很容易让人理解了。如果说物种是被一个个地创造出来的话，那就令人莫名其妙了。

难道造物主也偏心眼儿，为有的类群造一大堆物种，却为另一些类群只造几个种？

瞧！达尔文从不放过任何一个向物种固定论挑战的机会！

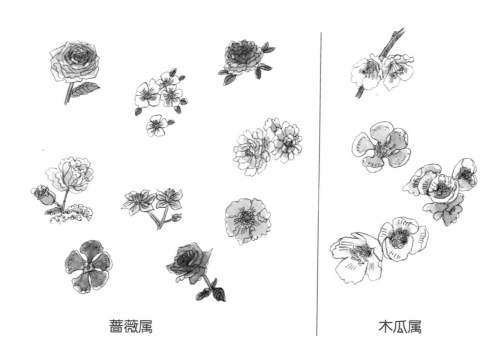

蔷薇属　　　　　　　　　木瓜属

25

让我们复习一下《物种起源》头两章的要点

从根本上讲，达尔文在《物种起源》开头的这两章里，已直接向物种固定论宣战。他对物种是上帝逐一独立创造出来的、一经创造后便固定下来的特创论，提出了大胆的质疑。但表面上，他却像个老爷爷讲故事一样，和风细雨地讲述猫啊狗啊，花啊草啊，一点儿也不露锋芒……

达尔文老爷爷告诉我们：

● 在家养生物中，不管是猫、狗、鸡、鸭、鸽子，还是花草和蔬菜，每个品种里，各个不同个体之间都有一些差异。

● 饲养者和育种家们利用这些差异，去选择他们所喜欢的动植物身上的某些特性，比如，养鸽者若想培育出凸胸鸽来，就会去选育嗉囊最大的鸽子。

● 这些变异的特性会遗传给下一代，并通过一代又一代地缓慢积累，变得越来越显著，最终产生新的品种。

● 达尔文把这一过程叫作"人工选择"，变异则是人工选择的原材料。

● 个体差异在野生生物中也普遍地存在。

● 像人工选择一样，给予足够的时间，通过自然选择，就能产生新的物种。

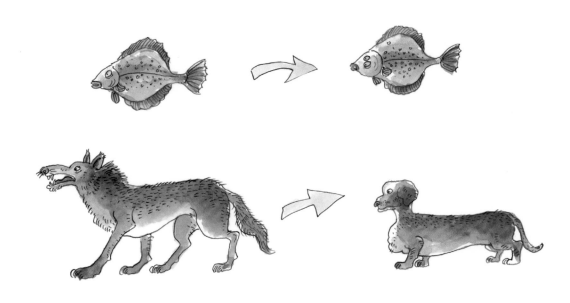

项庄舞剑

你知道"项庄舞剑"这个成语故事吗？秦朝末年，刘邦和项羽在鸿门相会，项羽的谋士安排项庄在酒宴上表演舞剑，以乘机刺杀刘邦。后来人们用这个典故来比喻说话或行动的表面是一回事，而真实意图却是另一回事。

达尔文上面告诉我们的那一长串事实，其实，他就是在"项庄舞剑"，他心里想要说的是：

物种是从别的物种那里演化来的！

也就是说，物种不是上帝逐个独立地创造出来的，也不是固定不变的。

剑锋一转

达尔文说，好，如果说物种是固定不变的话，那么物种中出现的变异，便微不足道，物种间的界限会一清二楚。但事实是：

● 加拉帕戈斯群岛上的那些小鸟，究竟是变种还是物种，谁能说得清？

● 个体差异太大了，就成了变种或亚种；变种、亚种的差异过于显著了，就成了雏形种，也就是新物种的萌芽。

● 每个地区内的大属的物种比小属的物种，会产生更多的变种。

哇！原来生物世界充满了变数、充满了生机。那么接下来让我们看看生物间的竞争是多么残酷吧。

丛林中的弱肉强食
大自然中适者生存

前面我们已经谈到，生物中普遍存在着个体变异，人类在家养生物驯化的过程中，根据自己的喜好和需求，"人工选择"了一些变异，选育了一些夸张的特性，像凸胸鸽的凸胸、长耳狗的长耳朵、花菜和西兰花的菜花等。而在自然状态下，则是通过"自然选择"，保存了对生物本身有利的特性。那么，大自然究竟是靠什么来选择的呢？请看第三章"生存斗争"。

长颈鹿的脖子为什么这么长?

你有没有想过，长颈鹿的脖子为什么会那么长啊？其实，很多人都曾想过这个问题，在达尔文之前，人们一直接受法国博物学家拉马克的解释。拉马克认为，长颈鹿祖先的脖子并不长，但是为了能够吃到树梢上的嫩叶子，脖子不断地往上伸，渐渐地拉长了那么一丁点儿，这样获得的特性传给了它的后代，后代的脖子就长了一点儿，这样经过一代一代地逐渐伸长，就变成了今天我们所见到的长颈鹿啦！

拉马克还说，白鹳的长脖子是为了捉食水中的鱼而逐渐拉长的，它细长的腿，也是为了避免肚子不让水给打湿而拉长的。

达尔文的新解释

拉马克学说简单明了，也很巧妙，然而却是错的。根据遗传学原理，这种通过后天努力获得的特征是不可能遗传的。比如爸爸是举重运动员，通过锻炼获得的健美肌肉，是不能遗传给子女的。

达尔文虽然还没发现遗传机制，但他知道拉马克是错的。他通过研究认为，长颈鹿祖先的脖子远没有这么长，但不同个体之间，脖子长短不一（也就是个体变异），有的长一点儿，有的短一点儿。

遇到食物短缺时，地上的草被吃光，脖子长一点的鹿，能够吃到比较高的树枝上的叶子，就幸存了下来，而脖子短的却够不着，在旁边干着急，最后可能饿死。如果遇到连续干旱、食物短缺，那么具有长脖子这一变异特征的鹿，就会占大便宜，得以生存和传衍。这样通过世世代代的积累，最后剩下来的，便都是脖子越来越长的长颈鹿了，脖子短的就全被淘汰了。

这就是自然选择原理，由于生存斗争，对生物自身有利的变异特征得以保存并积累起来。下面我们将会看到，自然界的生存斗争十分普遍。

大鱼吃小鱼，小鱼吃虾米

我们常看到自然界表面的光明和愉悦，莺歌燕舞，鸟语花香。可是，你想过没有，在我们周围安闲歌唱的鸟儿，大多都是以昆虫或种子为食的，因而它们在不断地毁灭着生命。你想过没有，这些唱歌的鸟儿、它们下的蛋以及它们的雏鸟，很多也会被凶猛的大鸟或野兽吃掉。还有，眼下我们总觉得食物丰富，但过去却有许多缺少食物的时候，哪怕是现在，这世界上也还有食物缺乏的地方。

螳螂捕蝉，黄雀在后

请想象一下这个画面：一只蝉在专注地喝着树叶上的露水，它的身后有只螳螂，正弯起前肢想要捉它；而螳螂的身后，却有只黄雀正伸长脖子，想捉螳螂；然而，黄雀却万万也想不到，大树底下还有个小孩正绷紧弹弓准备射杀它呢！

这跟"大鱼吃小鱼，小鱼吃虾米"同样道理。自然界各种生物之间，形成了一条张三捕食李四，张三却又被王五捕食的链条，在生物学上叫作"食物链"，它真实地反映了生物之间的生存斗争。

俗话常说的"人为财死，鸟为食亡"，也是生存斗争。

都是超生惹的祸

你大概听说过吧，老鼠生小老鼠，一生一大窝，繁殖速度特快。动物中大象繁殖最慢了。达尔文花了很大力气，估算了大象最低的自然增长速度：大象从30岁开始生育，一直生育到90岁，这期间共生出3对雌雄小象；以这样1对生3对、3对生9对的速度，500年之后，就会有大约1500万只大象存活，它们全都是从最开始的那一对大象那里传衍下来的。如果说大象在它起源的大约5000万年来，从来没有受到生存斗争制约的话，地球上早就装不下它们了！

每一生物在它们自然的一生中，都会产生很多的卵或种子，它一定会在生命的某一个时期，某一个季节，或者某一年遭到灭顶之灾，不然的话，按照1，2，4，8，16……这样的几何倍率增加的话，它们的数量很快就会增长过度，到时候就没有足够多的食物给它们吃，也没有足够的空间给它们住了。也就是说，生出来的个体不可能都存活下来，大家为了争夺食物和空间，就要拼死搏斗。

植物之间也打架

我们上一节中所讲的主要是动物间的生存斗争，那么植物呢？我们知道，农民伯伯要经常在农田里清除野草，否则辛苦种植的庄稼就会被野草"吃"掉。当一片森林被砍伐后，与原来完全不同的植物就会乘虚而入。在美国南部，古代印第安人的废墟上，原本是没有树木

的，现在那里却成了与周围一样的森林。植物之间为了争夺地盘，斗争十分激烈。同时，植物还会被其他动物吃掉、被恶劣的气候环境毁灭。

达尔文的试验田

"在一块 3 英尺长、2 英尺宽的地里，经过耕作和清理，植物间不会再相互阻塞。土生土长的杂草幼苗冒出来之后，我一一做了记号，最终 357 株中至少死了 295 株，主要是被鼻涕虫等昆虫所毁灭。

"在长期耕种并有兽类出没的地里，由着植物自由生长，那些较弱的植物即使已经完全长成，也会逐渐被较强的植物消灭掉。

"此外，生长在一块地上的 20 个物种里，有 9 个因受到其他物种的自由生长的排挤而灭亡。"

蒲公英的小伞随风飘

蒲公英那美丽的、带有茸毛的种子，聚集成了一把把小伞，你把它摘下来，放在嘴边轻轻一吹，小伞便乘风飞去。当然，它长成这个样子，可不是专门给小朋友们吹着玩的，而是对生存斗争太重要啦！

在植物密布的大地上，只有带上茸毛，蒲公英的种子才能随风飘飞，落到没被其他植物所占据的空地上，生根、发芽、成长。蒲公英还生有极长的根，在干旱季节，周围的植物因为根浅而吸收不到地下的水分，纷纷死去，蒲公英通过长长的根深入地下，依然能"喝"到地下的水，快快活活地活着。

储藏养料的种子

很多植物种子里还贮藏着丰富的养料，乍看起来，这似乎与其他植物一点也不相干。然而，这类种子（譬如豌豆和蚕豆）即使被播种在高大的草丛中，长出的幼苗也能苗壮地成长。因为种子自身的养料，就能供幼苗生长，不需要跟疯长在它们周围的其他植物抢饭吃。这跟冬眠的动物要提前在体内储存脂肪一样，是一种"自带干粮"来适应环境的生存斗争方式哦。

生态平衡

　　生存斗争是普遍的，既有同一物种个体之间的斗争，也有与异种个体之间的斗争，还有与生活环境条件的斗争。整个生物界就像是在打一场相互重叠的持久战，一个战役接着一个战役，胜负无常。哪怕最细微的差异，也会使一种生物略占优势而战胜另一种生物。然而从长远看，各方势力是如此协调地平衡，自然界的面貌才可能长期保持一致。

一物降一物

　　巴拉圭有一种蝇类，专门把卵产在初生的牛和马的肚脐眼里，会使牛马病死。但有一种寄生的昆虫专门吃蝇卵，而寄生昆虫又是食虫鸟的盘中餐。因此，如果那种吃虫子的鸟减少了，这些寄生昆虫就会增加，结果在牛和马脐中产卵的蝇类就会被寄生昆虫吃掉，于是牛和马数量就会大增。其中一些牛和马无人照料，就会跑到荒野里去，糟蹋野生植物。野生植物少了，昆虫会饿死，那么食虫的鸟类也要断粮……

奇妙的生态平衡

　　在这里我们看到，由于食虫鸟的减少，引起各种生态变化，而不同生物间的互动维持了生态平衡。这在自然界中，还算是简单的关系呢！

"本是同根生，相煎何太急？"

同一个属的物种的习性和构造通常比较相似，食物和生活空间也很相近，因此它们之间的斗争，一般比跟别的属的物种斗争还要激烈。比如，有一种燕子在美国的一些地方扩张了，就使另一种燕子的数量减少。在俄罗斯，亚洲的小螳螂入境后，到处驱逐同属的亚洲大螳螂。大洋洲引进蜜蜂之后，本地的无刺小蜂很快绝迹；野芥菜的一个种取代了另一个种。这类例子，真是举不胜举。

"每一生物都竭力以几何倍率增加，每一生物都必须在它生命的某个时期内、在某一年的某个季节里、在每一世代或在间隔期内，进行生存斗争，并损失惨重。想到这类斗争，让我们感到一丝安慰的是：自然界的战争并不是连绵不断的，死亡通常是迅速的，因而会感觉不到恐惧，而活力旺盛者、健康者和幸运者则得以生存并繁衍。"

跟"人工选择"中的人工之手相比，"生存斗争"便是"自然选择"中的自然之手！借助这只手，对生物自身有利的"变异"得以选择、保存和累积。

优胜劣汰
什么是自然选择?

在第四章"自然选择"里,达尔文老爷爷再次强调,自然选择过程包含两个重要方面:一方面是生物中有大量能够遗传的变异,另一方面是生物间的生存斗争。由于生存斗争,这种能够遗传的变异,无论多么微小,只要它对生物本身有利,就会被保存下来,而不利的就被清除。他给这一"保存"的原理起了个有趣的名儿,叫"自然选择"。

一个精彩的类比

达尔文把人类驯化家养生物比喻成"人工选择"。比如在选育善于奔跑的猎犬时,人们选择腿长、跑得快的,抛弃腿短、跑得慢的。也就是说,保存人们所喜欢的变异,而抛弃其他的变异。然后,他就做出这样一个类比:

自然界的野生生物,也常常出现很多变异,有的变异对生物本身有益,有的却有害。

在生存斗争中,带有对生物本身有利变异的个体,比其他个体更具有优势,也就会有更好的生存和繁衍的机会。反过来,一个生物哪怕带有最轻微的有害变异,也会被"格杀勿论"。这种保存有利变异以及消灭有害变异的现象,就是"自然选择"。

北极熊的皮袍子

北极熊今天生活在寒冷的北极，主要在北冰洋周围活动。它的身上生有很厚的皮毛，就像穿了一件厚厚的皮大衣，在冰天雪地里也不受冻。

但是在大约 5 万年前，北极熊的祖先，是生活在爱尔兰的一种棕熊，身上的皮毛并没有今天这样厚。在迁往严寒地带后，那些皮毛稍微厚一点儿的个体，能更好地抵御寒冷，存活的机会也就更大一些，因此就把这种皮毛厚的特征遗传给了后代，并且保存和积累下来。

达尔文说，自然选择跟人工选择又不一样。人类只能对外表上看得见、摸得着的变异进行选择，像形形色色的鸽子呀，五花八门的狗呀。大自然并不在乎外貌，除非这些外貌对于生物是有用的。"自然"对生物体内的每一件器官、每一丁点儿体质上的差异以及生命的整部机器都起作用。人类只为自身的利益而选择，"自然"却只为她所呵护的生物本身的利益而选择。选择的每一性状特征，都经过大自然千锤百炼，使生物能很好地适应它们的生活环境。

人工选择远比不上自然选择。

自然选择更美妙

"大自然的产物比人工的产物更加真实，更能无限地适应最复杂的生活条件，并且明显地带有远为高超的技艺的印记……"

人工选择的产物很贫乏

人类把野生生物驯化成家养生物，纯粹为了自己的利益，却不考虑生物的利益。比如，长毛和短毛的绵羊原先生活在不同地方、不同气候条件下，现在却被放在同一地方、同一种气候下饲养。

人们用同样的食物喂养长喙鸽和短喙鸽，而大自然中的鸟类，喙的长短不同，所吃种子的形状、大小和坚硬程度都不一样。

在大自然中，雄性动物之间为占有雌性而殊死搏斗，因而必须非常强健。在家养动物中，人们不让它们这样做，所以雄风大减。

人们并不严格地清除劣质动物，反而不分好坏地保护它们。人类所选择的，往往是能引起他们注意的半畸形类型。

在自然状态下，生物构造或体质上的一些最细微的差异，很可能就会改变它在生存斗争中的命运。比如，在干旱的夏季，根扎得深一些的蒲公英，能汲取到地下的水分而存活，而根浅的就会枯死。

"兵哥哥"身穿迷彩服

你一定在电影或电视中看到，士兵在前线打仗时，身上要么穿迷彩服，要么穿草绿色军装。而在冬季的北方战场上，因为地上覆盖着白雪，他们还会披上白色的披风。这叫保护色，使空中的敌机或远处的敌人不容易发现他们。

人们利用保护色，是从动物那里学来的呢。你看，竹林中的蛇大多是绿色的，而地上的响尾蛇，却跟土地的颜色差不多。

"自然选择对我们认为无关紧要的特征和构造起作用。当我们看见食叶昆虫是绿色的，食树皮的昆虫是斑灰色的，高山的松鸡在冬季是白色的，红松鸡是石楠花色的，而黑松鸡是土褐色的，我们不得不相信，这些颜色对于这些鸟与昆虫，是有保护作用的，以使它们免遭危险。"

"无疑，自然选择曾有效地赋予每一种松鸡以适当的颜色，并在它们获得了这种颜色后，使它一直保持下去。"

同样的道理，欧洲大陆上很多地方，人们不养白鸽。你知道这是为什么吗？因为白鸽很容易被鹰发现、叼走——鹰是靠它的目力来捕食的，它的眼可尖啦！

自然选择无孔不入

"自然选择每时每刻都在满世界地寻找着哪怕是最轻微的每一个变异，清除坏的，保存并积累好的；随时随地，一旦有机会，便默默地、不为察觉地工作着，改进每一种生物跟周围环境之间的关系。"

黑色羔羊

在前一节中，我们谈到动物保护色在生存斗争中的重要性。达尔文特别强调："切莫以为偶尔除掉一只特殊颜色的动物，其作用微不足道：我们应该记住，在一个白色的羊群里，清除每一只哪怕只有一星半点儿黑色的羔羊，是何等的重要啊。"

自然选择是无处不在、无孔不入的。无论在人们看来是多么无关紧要的性状，只要对生物有害就会被清除，有利就得以保存。

顺便说一下，英语中有个成语，叫"黑色羔羊"，意思跟中文成语"与众不同"差不多。如果说一个孩子跟家里的其他孩子都大不一样的话，就说这个孩子是只"黑色羔羊"，而其他的孩子当然就是白色羔羊了。

当然，在人类文明社会中，我们要充分理解、尊重和保护每一个与众不同的人！

果实的颜色

前面讲的都是动物界的情形，那么植物呢？

植物当中，果实上有没有茸毛以及果肉的颜色，通常被认为是最无关紧要的性状特征。然而，据园艺学家说，在美国，一种叫作象鼻虫的甲虫，专门吃外表没有茸毛、果皮光滑的果实，而对生有茸毛的果实却避之不及。紫色的李子比黄色的李子更容易受到某种病害的侵袭；而另一种病害，对黄色果肉的桃子的侵害，远远超过对其他颜色果肉的桃子的侵害。

达尔文说："这些细微的差异，如果在人工培育这几个变种时产生重大影响的话，那么可以肯定，在自然状态下，当一些树不得不与其他一些树以及一大帮敌害争斗时，这些差异就非同小可了。它们会有效地决定哪一个变种将会成功，是果皮光滑的呢，还是生有茸毛的呢？是黄色果肉的呢，还是紫色果肉的呢？"

那么，那些对各种植物本身有利的变异，就会被保存下来。但大自然中这些变化非常缓慢，我们肉眼看不出来。我们所看到的，只不过是现在的生物类型与先前的不同罢了。

性选择

如果你想把你的好基因传给下一代，首先你得有孩子才行，是不是？同样，既然自然选择在于保存有利特征，那么，生物只有通过繁殖后代，才能达到这一目的。要想跟异性交配，同性（主要是雄性）个体之间，就会产生激烈竞争，只有得到交配机会，才可能留下后代。因此，性选择是自然选择的一种特殊型式。

" '一夫多妻'动物的雄性之间的斗争，大概最为惨烈，而这类雄性动物，常常生有特种武器。雄性肉食类动物本来已经武装到了牙齿，为了同性间的竞争，又增添了新的武器，比如雄狮的鬃毛、公野猪的肩垫。"

雄性利器

一般来说，最强健的雄性，留下的后代也最多。但在很多情形下，胜利靠的不仅是一般的体格强壮，还要有雄性所独有的特种武器。不长角的雄鹿，或者没有"距"（也叫作第五爪）的公鸡，留下后代的机会便很少。性选择，通过总是让胜者得到交配机会，使有角的雄鹿、有"距"的公鸡骁勇善战，能在与同性个体竞争配偶时，打败对手，获得交配机会并留下后代。

雄鸡起舞

你见过雄鸡起舞吗？大公鸡在与小母鸡交配前，先是给它跳"华尔兹求偶舞"，小母鸡乐了，蹲伏下来，雄鸡攀到它的背后，完成交配。雄性动物通过在雌性面前尽情表演，以赢得它们的欢心，来达到交配的目的。这是它们除了生有利器之外的另一种"武器"。

鳄鱼在争取占有雌性时，博斗、吼叫、旋游，就像在打仗前跳战斗舞的印第安人一样。

极乐鸟以及其他一些鸟类聚集一处，雄鸟在雌鸟面前轮番地显摆自己美丽的羽毛、表演一些奇异的动作；而雌鸟则站立一旁观望，挑剔地选择最具吸引力的伴侣。

孔雀开屏

春暖花开时节，也是孔雀产卵繁殖的季节。雄孔雀就要向雌孔雀求爱，它展开五彩缤纷的美丽尾屏，翩翩起舞，来吸引雌孔雀。

杨丽萍阿姨跳的那个著名的"孔雀舞"，创作灵感就来自孔雀开屏和起舞。但在大自然中，开屏跳舞的是雄性，长得漂亮的也多是雄性。

此外，很多雄鸟还用歌喉去引诱雌鸟，就像求爱的男孩给躲在楼上的女孩唱情歌。

生物的奇妙适应

"无论选择的过程多么缓慢，如果微弱的人类依靠人工选择还能大有作为的话，那么，在漫长的时间里，自然选择所能产生的变化是无止境的；所有生物彼此之间，以及与它们的生活环境之间，所产生的美妙和无限复杂的相互适应，也是无止境的。"

人工巧艺难夺天工

还没孵出来的雏鸟，要是自己不能用喙的前端啄破蛋壳爬出来的话，就会闷死在蛋壳里。人工选育短喙翻飞鸽时，在雏鸟孵化中，养鸽人常常要帮它们把蛋壳敲碎，让刚孵出来的小鸟儿从蛋壳里爬出来。

自然选择就高明得多了！

大自然为了让雏鸟用喙的前端啄破蛋壳爬出来，会通过自然选择"双管齐下"：一方面选择那些具有最有力、最坚硬的喙的雏鸟，而喙端弱的雏鸟都必定会消亡；另一方面选择蛋壳比较弱、容易破的，而蛋壳厚的就会消亡。最后，蛋壳薄以及雏鸟喙端硬的鸟，在生存斗争中胜出。

像这种在动物一生中只用一次的构造，因为对生存非常重要，自然选择也能把它改造得近于完美。

两种狼的故事

在美国卡茨基尔山脉，栖息着狼的两个变种：一种身材轻快，是捕食鹿的；另一种身体庞大、腿较短，它们常常袭击牧民的羊群。

狼捕食不同的动物时，会使用不同的方法：对有的动物，它使用狡计；对有的动物，施展它的力量；对有的动物，以它的快捷来征服。

在狼猎食最艰难的季节里，小动物已很少，只剩下像鹿一类最为敏捷的猎物。在这种情形下，只有长得细长、跑得最快的狼，才能抓到鹿，也才有最好的存活机会。因此，这样的狼便得以保存，或者说是被选择了。

即使狼捕食的动物不光是鹿，也说不定会有那么一只小狼崽，生来就喜欢捕鹿。因此，如果这种习性上的细微变化对这只狼有利，它就最有可能存活并留下后代。它的一些幼崽大概也会继承同样的习性，并通过不断地重复这一过程，一个新的变种就形成了。

此外，山地的狼与生活在低地的狼，本来就捕食不同的动物，由于连续地保存了最适应各自生活环境的个体，也就逐渐形成了两个不同变种。

适者生存

　　所有生物都竭力在大自然中争夺一席之地，那么，任何一个物种，如果不能跟竞争者一样，发生相应程度的变异和改进的话，它很快必死无疑。只有比竞争对手更好地适应生存环境，才更有可能获得存活及繁衍后代的机会。

同是三叶草，访客却不同

　　蜂类是靠嘴巴上的长吻，伸进花朵的管形花冠底部吸食花蜜的。红三叶草和肉色三叶草，它们的管形花冠的长度，乍看起来差不多，但红三叶草的花管比肉色三叶草的要稍长一点儿。因而，蜜蜂能很容易地吸取肉色三叶草的花蜜，却吸不到红三叶草的花蜜。只有野蜂才能吸食到红三叶草的花蜜，因为野蜂比蜜蜂的吻稍长一些。所以，尽管红三叶草漫山遍野，供应着源源不断的珍贵花蜜，蜜蜂们却只能望"蜜"兴叹，无法享用。

　　所以，如果蜜蜂的吻稍长一点，或者红三叶草的花管稍短或顶部裂得较深一点的话，蜜蜂便能吸食到它的花蜜了。因此，通过连续保存具有互利的构造变异，花和蜂类之间就能相互适应到完美的程度。

黑蛾子的启示

达尔文还是个孩子的时候，英国和欧洲大陆上，树干上常常能看到带有黑色斑点的灰蛾子。1848年，在英国工业城市曼彻斯特，头一次发现了树干上的黑蛾子，不过只占当地蛾子的 1% 还不到。但 50 年以后，黑蛾子在当地已占了 95% 左右。这是怎么回事呢？

原来是工业污染严重所造成的：大量工厂烟囱里冒出来的煤烟灰，把树皮都染黑了。科学家们还发现，一天之内，工业区黑色树干上的灰蛾子竟被鸟吃了近一半！

如果蛾子的颜色还是灰不溜丢的话，那么很容易被捉食它们的鸟看到，所以为了形成不让天敌看出来的保护色，原来的灰蛾子在不太长的时期内逐渐变得跟树皮一样黑了。请想一想，自然选择作用是多么厉害啊！

我们在前面曾谈到，科学理论一般包含两个方面。一方面揭示有规律性的客观现象，另一方面回答为什么会出现这一有规律的现象。检验一个理论究竟是不是科学，还要看它有没有预见性。黑蛾子这个例子，说明达尔文自然选择学说有很强的预见性和科学性。

颜色不同，命运大不同的蛾子

47

为什么鸽子的嘴巴要么很长，要么很短？

一般说来，养鸽人都喜欢自己的鸽子与众不同，没人会喜欢嘴巴不长不短的鸽子。张三对嘴巴较短的鸽子感兴趣，李四觉得嘴巴较长的鸽子更好看。张三就会选育嘴巴越来越短的鸽子，李四则会选育嘴巴越来越长的鸽子。

"我们从人类选择的产物中看到了所谓分异原理的作用，它引起的差异，最初几乎难以察觉，后来稳步增大，于是各个品种之间及其与共同祖先之间，在性状上发生了分异。"

快马和壮马

我们还可以设想，王五需要快捷的马，而赵六却需要强壮和块头大的马。早期的马差异可能极小，但是，随着时间的推移，一些饲养者连续选择较为快捷的马，而另一些饲养者却连续选择较为强壮的马。随着差异逐渐变大，具有中间性状的劣等动物，由于既不太快捷也不太强壮，谁也不想要，便慢慢消失了。

什么是"分异原理"？

上面两种情况，差异开始极小，后来越来越大。先形成了两个亚品种，经过很多世纪后，亚品种就会变为不同品种。这就是分异原理。

生物多样性的来历

分异原理怎么应用于自然界呢？让我们看看两个例子。

肉食的四足兽类，因为要捕食其他动物，在任何一个地区，数量很容易达到饱和。如果由着它自然增长的话，它的后代必须通过变异，去夺取其他动物目前所占据的地方。例如，能够改变猎食对象，活的也吃，腐肉也吃；有些能生活在新的处所，或者上树、或者下水；有些大概得干脆改变食性——少吃肉，或者像大熊猫那样干脆改吃竹子。这些肉食动物的后代，在习性和构造方面变得越多样化，它们所能占据的地方也就越多。

植物也一样。在同样大的两块地上，如果一块地只种一种小麦，而另一块地混杂地种几个不同变种的小麦，那么，后者会长出更多棵不同变种的小麦，结果，平均产量也比前者高。

任何一个物种变异了的后代，如果在构造、体质、习性上越是多样化，它们就越能在数量上增多，越能侵入其他生物所占据的位置，越能丰富生物多样性，而且在生存斗争中也越加成功。

49

生物的家谱

　　你试试看去问你爸爸，你爷爷是谁？他不仅立刻会说出你爷爷的名字，可能还会告诉你很多有关爷爷的故事。如果你再问他，爷爷的爸爸是谁，他可能会说出你祖爷爷的名字，但有关祖爷爷的事，他知道的也许就不多了。如果你继续问下去，祖爷爷的爸爸是谁，这时你爸可能连祖爷爷的爸爸叫什么名字也说不出来了。

　　唯一办法，就是去查家谱。我们知道，家谱上面通常记载着所能追寻到的最早祖先。

　　按照达尔文的理论，所有生物有着共同的祖先，那么，生物也该有自己的家谱。可是，比起我们每个小家的家谱来，这部生物家谱是难以想象的异常庞大、零乱和复杂，缺失的部分也特别多。

　　达尔文勾画了一棵生命之树，代表生物的家谱，又叫生物谱系树。它把跨越亿万年的各种生物联系起来。但是，上面很多物种的"爸爸""爷爷"和"祖爷爷"的名字，我们都还不清楚。100多年来，科学家们一直在达尔文生命之树的轮廓里，努力补上这些名字。

50

生命之树

"所有生物的亲缘关系，可用一棵大树表示。我相信这一比喻在很大程度上是实际情形。绿色生芽的小枝可代表现生物种；往年生出的枝条可代表长期以来先后灭绝的物种。"

我们都是一家子

达尔文从人工选择出发，发现在生存斗争中，只有适者才能生存以及留下后代，并提出了自然选择理论。然后，从这一理论又推导出分异原理，解释了生物多样性的由来。哈！原来生物界中的万物，都是从同一个老祖宗那里来的呀——哇，亿万年前我们都是一家子！

达尔文根据这一共同祖先的概念，给我们画出了一棵"生命之树"，代表地球生命演化和发展的整个历史。

他把灭绝的祖先类型，描绘成这棵大树的树根和树干，每一个主要类群（如纲、目、科等）好似大小不一的枝条，而现在生存的各个物种，只是树上的一些嫩枝、绿叶和新芽。枯枝落叶，代表灭绝物种，其中一些成了化石。

这株巨大的"生命之树"代代相传，它用残枝败叶充填了地壳，并用不断分叉的美丽枝条装扮了大地。

让我们复习一下《物种起源》三、四两章的要点

在《物种起源》开头两章，达尔文指出，生物会出现很多可遗传的变异。在三、四两章里，他强调，由于大自然中生存斗争无处不在，每一个微小的变异，只要对生物有利就会被保存，凡是有害的就会被清除，这就叫"自然选择"。

达尔文的推论

"在时代的长河里，在多变的生活条件下，如果生物组织结构有几部分发生变异，这是毫无疑问的；

"由于每一物种都按很高的几何倍率增长，如果它们发生过激烈的生存斗争，也是毫无疑问的；

"考虑到所有生物之间、它们与生活条件之间，关系异常复杂，并引起构造、体质及习性上对它们有利的多样性，这也是毫无疑问的；

"如果有益于生物的变异确实发生过，那么，具有这种性状的个体，在生存斗争中定会有最好的机会保存自己；

"根据强劲的遗传原理，它们会产生具有同样性状的后代。"

达尔文把这一保存的原理，简称为"自然选择"，它使每一生物在跟它们相关的环境中得以改进。

什么是推论？

最简单的例子：三个人在一起比高矮，如果张三比李四高，李四比王五高，那么，即使张三与王五不站在一起，我们也知道张三比王五高。推论是根据一个或几个已知的事实，合理推断出一个或几个过去未知的结论。我们来看一下达尔文前面的推论：

● 事实 1：每一物种都以几何倍率增长。

● 事实 2：食物来源和生存空间有限。

● 事实 3：种内个体数量时多时少，但不会过度增加。

● 推论 1：生物之间必然有生存斗争——适者生存。

● 事实 4：每一个体都是独特的，不同个体间有变异。

● 事实 5：变异大多是遗传的 。

● 推论 2：有益的变异为个体的存活和繁殖后代，提供更好的机会，它们的后代也会承继同样有益的性状。

● 推论 3：有益变异长期连续地出现、保存、积累（即自然选择），导致性状分异、新类型产生、改进较少的和中间类型的大量灭绝。这就是生物演化的过程。

根据这些事实和推论，达尔文勾画出生命之树，说明所有生物来自共同祖先，解释了生物多样性的由来，推翻了上帝造物的特创论。

困扰达尔文一生的问题
达尔文的困惑

你有没有碰到过这种情况？即：你对某一个问题特感兴趣，但又不知道它的答案，越是弄不明白，就越想弄个水落石出。对达尔文来说，变异是怎么发生的，又是如何遗传给后代的，就是困惑他一生的问题。他在第五章"变异的法则"里对这一问题进行了思考。

"我们对变异法则极度无知"

达尔文一再强调：在生物演化的过程中，对生物有利的变异，在生存斗争中被自然所选择和保留，而对生物不利的变异则被淘汰和铲除。这说明变异对他的生物通过自然选择而演化的学说，实在是太重要啦！

在前一节里我们刚刚总结过，达尔文推论自然选择时用了五个事实，其中就有两个跟变异有关：

● 事实 4：每一个体都是独特的，不同个体间有变异。

● 事实 5：变异大多是遗传的。

由于当时遗传学还没建立，人们还没认识到，变异的出现是生物体内的基因在"捣乱"，因此达尔文不可能弄清变异到底是怎么回事。

卓越的观察家

达尔文善于观察，并能抓住重要的东西。但是，当时生命的本质还是个没有解开的谜，他所说的生物变异，只是外表上可以看得见的特征差异。

他注意到，特征差异有时是与生活环境相关的：生长在南方或浅水中的贝类，比北方或深水中的同种贝类颜色更鲜亮；在海边生活的昆虫，颜色不像其他地方那么鲜亮；生长在海岸边的植物，叶子里的肉质，比其他地方的要多。

器官长久使用与长久不用的效应

鸵鸟祖先的习性原来与野雁差不多，但由于它个头大、身体重，后来就越来越多地使用腿，而越来越少地使用翅膀，最后翅膀退化，不能飞了。

黑暗洞穴中的动物，因为见不到光，一般眼睛都退化，甚至完全瞎了。

现在我们知道，这些由器官的使用或不使用所产生的变化，是不会遗传的。

此外，他还注意到一些相关的变异：产奶多的牛很瘦；产籽多的油菜，叶子就不肥大；水果的种子萎缩时，果实就变得丰硕。

这些奇妙的现象，要等到50多年以后，遗传学和发育生物学建立起来，才能得到解释。

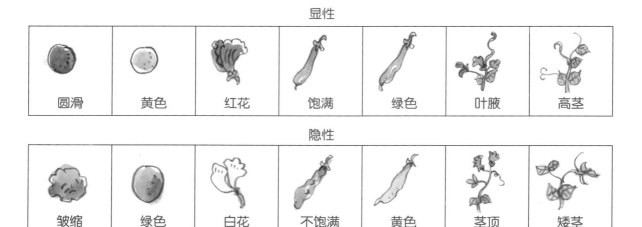

显性						
圆滑	黄色	红花	饱满	绿色	叶腋	高茎

隐性						
皱缩	绿色	白花	不饱满	黄色	茎顶	矮茎

豌豆的 7 种相对性状

修道院里的遗传学家

差不多同时，捷克一座修道院里有个叫孟德尔的奥地利修道士，正在进行豌豆杂交实验。《物种起源》发表 7 年后，他的实验成果也发表了，成了今天遗传学的基础。遗憾的是，当时并没有什么人注意到他的重要发现。达尔文要是知道的话，也就不会为找不到变异的原因而大伤脑筋了。

孟德尔的发现

孟德尔的豌豆实验发现，豌豆的体细胞中有成对的颗粒性遗传因子（现在叫"基因"），当体细胞形成生殖细胞时，成对的基因会分开来，进入不同的生殖细胞。成对的基因决

定了种子的形状和颜色、豆荚形状和颜色、花的颜色和位置以及豆茎高矮等特征。

又比如，有一对基因是控制眼睛颜色的。一个男孩从父母亲那里分别遗传下来一个基因，如果这两个基因都会产生蓝眼珠的话，那么这个男孩肯定是蓝眼睛。如果来自父亲的是蓝眼珠的基因，来自母亲是黑眼珠的基因，那么这个男孩会是黑眼珠，因为黑眼珠的基因比较"强势"。但要记住，这个男孩仍然带着一蓝一黑的基因。

怎么那个男孩的女儿又是蓝眼珠了？

将来如果那个男孩把控制蓝眼珠的（而不是黑眼珠的）那个基因，遗传给了他的女儿，而他的女儿从母亲那里遗传下来的，也是控制蓝眼珠的基因，那么这个女孩又是蓝眼珠了。这是因为她从父母那里遗传来的基因，都是产生蓝眼珠的。这跟环境变化一点儿关系也没有。

基因突变

还有一种产生变异的方式，也是基因在"捣乱"，就是在基因遗传的过程中，发生了突变。比如翅膀完整的昆虫，有时会突然生出翅膀不全或者完全没有翅膀的后代。

一般人会觉得，这种变异对生物本身是有害的。可是，达尔文发现，这可不一定：在常常刮大风的海岛上，有翅膀能飞行的昆虫，会被大风吹到海里淹死，反倒是翅膀残缺不能飞的昆虫，因祸得福而生存。经过长久自然选择和积累，这些海岛上的昆虫都变成无翅的了。

"无论变异的原因是什么，只要它对生物有利，通过自然选择的逐渐累积，引起构造上的重要变异，无数生物才能彼此竞争，而最适者得以生存。"

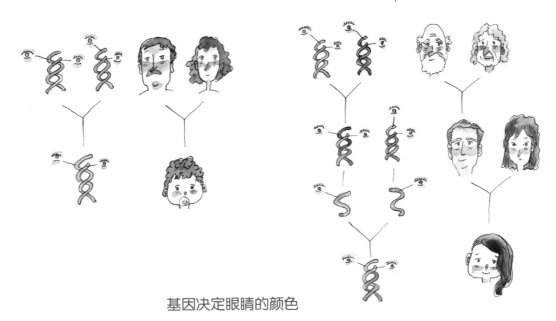

基因决定眼睛的颜色

57

化解疑难
达尔文的"推销"艺术

在《物种起源》前四章里，达尔文已经把他的生物演化理论解释清楚了。中心思想是：地球上的所有生物有着共同祖先，就像你和你的堂兄弟有同一个爷爷、奶奶一样。换句话说，世上所有的人、动物和植物，互相之间都能沾上点儿亲——不是近亲，就是远亲。在 150 年前，这可真够给力的，当然也是够令人难以接受的哦！《物种起源》后十章，达尔文用他高超的"推销"艺术，去说服读者接受他的理论。让我们读读第六章"理论的各种难点"，看他到底使些什么高招儿。

自我挑战

达尔文深知，他的理论可能会遇到一些困难和挑战，对此他没有逃避，而是先从对手的角度，去设想他们会提出什么样的疑问，然后再用他收集到的大量证据，心平气和地去化解这些疑问。第五章对变异法则的讨论，是他企图化解理论薄弱点的开始，第六章到第八章，是他的这一努力的继续。

四大难点

达尔文总结了他的理论可能遭遇到的四大难点：

存在这样的四不像生物吗？

● 如果物种是其他物种经过无数细微的变化逐渐演变来的，那么，为什么我们看不到很多过渡类型呢？为什么物种之间界限分明，而整个自然界并没有充满非驴非马的四不像那样的生物呢？

● 蝙蝠的翅膀，有可能是从一种在地上行走的动物身上转变来的吗？像我们的眼睛如此复杂、重要和奇妙的器官，能够通过自然选择产生出来吗？

● 蜜蜂营造的蜂房，形状非常规则，它们既没有数学家帮助计算，也没有建筑师帮忙设计，而是出自十分奇妙的本能。还有小宝宝一出生，没有人教他，他也知道怎样去吃妈妈的奶。这些本能难道也是通过自然选择获得的吗？

● 马和驴是不同物种，它们交配所生育的骡子，是没有生育能力的。但是，同一物种内两个不同品种的狗，不管外表差异有多大，它们之间杂交所产生的后代，却是有生育能力的。这一点，我们又怎么用自然选择理论来解释呢？

蜜蜂会数学吗？

59

过渡类型为什么这样少？

首先，达尔文试图回答"过渡类型为什么这么少"这一难点。他认为，很多过渡类型是存在过的，不过后来灭绝了，因此现在看不到了。为什么呢？因为自然选择在于保存有利变异，新的类型会战胜过渡类型，从而导致过渡类型逐渐灭亡。

三种绵羊

比如，饲养了三个绵羊的变种，第一个适应广大的山区；第二个适应山下广阔的平原；第三个适应中间较为狭小的丘陵地带。再假定这三地的居民，通过人工选择来改良各自的品种。因为山区或平原的饲养者们拥有多数的绵羊，他们成功的机会更大一些，在改良品种方面，也会比丘陵地带的居民们更为迅速。结果，改良了的山地品种或平原品种，就会很快地取代改良较少的丘陵品种。这样一来，原来数量多的两个品种，向中间丘陵地带扩展，两边夹击，取代了那里的中间变种。

过渡类型藏在石头里面

达尔文用上面三种绵羊的例子说明：假如把几个亲缘关系密切的物种放在一起，我们就会发现很多过渡类型，尽管一般说来，它们在构造的细节上，相互之间都会有所不同。根据他的理论，这些亲缘关系相近的物种，就像兄弟姐妹一样，都是从一个共同父母（又叫"亲种"）那里传衍下来的。

在变异过程中，每一物种都适应了自己生活区域的条件，并且在生存竞争中打败了亲种以及所有的过渡变种。因此，我们不能指望现在还能见到这些过渡变种，尽管它们曾经生存过。那么，它们现在到哪里去了呢？

达尔文推测，这些过渡类型可能会变成化石，埋藏在先前生活过的地方。

可是，为什么看不到很多过渡类型的化石呢？达尔文说，因为地质记录很不完整，只有少数过渡类型侥幸保存为化石，其中很多还没被发现。

从那时起，150多年来的大量古生物学发现，证明达尔文的推测是完全正确的。

陆地动物怎么在水中生活？

水貂

达尔文又想到，人们或许会问：按照自然选择学说，一种生物类型能够通过无数细微的变化，演变成构造和习性都不相同的另一种类型，那么，陆地上的肉食动物，怎样才能在水中生活呢？当这种动物处于半陆生半水生的过渡状态时，又是怎样生活的呢？这是他的理论可能面临的第二个难点。

天下事难不倒达尔文

达尔文指出："试看北美的水貂吧，它的脚上长有蹼，它的毛皮、短腿以及尾巴的形状，都很像水獭。夏天水貂进入水中捕鱼为食，但在漫长的冬季，它便离开冰冻的河里，像其他臭鼬（黄鼠狼）类一样，捕食鼠类以及其他的陆生动物。"

在肉食哺乳动物中，既有像老虎那样完全生活在陆地上的，也有像海豚那样完全生活在水里的，还存在着从严格的陆生习性到真正的水生习性之间的每一个过渡阶段。它们各自在生活习性上，都很好地适应了它们所在的环境。

达尔文说，水陆两栖还不算是太难的例子，更难的是："食虫的四脚兽怎么可能转变成飞翔的蝙蝠呢？"

松鼠能不能飞起来？

要回答蝙蝠是怎么飞起来的，我们也许能从松鼠那里得到启示，这里我们看到从行走往滑翔过渡的最好例子。有的松鼠，尾巴仅稍微扁平，有的种类身体后部很宽、两侧的皮膜宽大。特别是一种叫鼯鼠的松鼠，它的四肢以及尾巴基部，连成了宽阔的皮膜，张开来就像降落伞一样，帮助鼯鼠在树间的空中滑翔很远很远。

每一种构造，各有各的用处，有的使松鼠在遇到天敌时能逃之夭夭，有的使它能迅速地采集食物，有的使它能减少偶然跌落的危险。然而，不是说松鼠的每一种构造，在所有自然条件下，都是最完美的构造。假使环境变化了，假使来了新的竞争对手，假如它们的天敌起了变化，有些松鼠的数量可能会减少甚至灭绝，除非它们的构造能"与时俱进"，发生相应的变异和改进。

可以想象，由于要在树间穿越，每一个两侧皮膜越来越大的松鼠，会更加成功，它的皮膜每增大一点都有好处，都会传衍下去，直到自然选择造就出皮膜宽大、会飞的鼯鼠来。

过渡类型遭淘汰

蝙蝠翅膀能完美地适应飞翔，但早期各个过渡阶段的那些动物，今天已经见不到了——它们在器官走向完善的过程中被淘汰了。但我们能从另一类动物身上看到滑翔向飞翔的过渡。

蝙蝠是这样飞起来的

猫猴（又叫飞狐猴）曾被错误地归入蝙蝠类。它身体两侧的皮膜极宽，从嘴角后面一直延伸到尾部，连带有长爪的四肢也包在皮膜内，皮膜里还有帮助它伸缩的肌肉。

不会飞的狐猴与会飞的猫猴之间，目前还没找到滑翔构造演变的过渡环节，但可以想象它们曾经存在过，并通过推论得知，每一环节的形成，都像前面所讨论的松鼠演变成鼯鼠那样，经过了类似的相同步骤。另外，猫猴的手指与前臂，因自然选择而大大加长，由皮膜连接，能使它像蝙蝠那样飞翔。有些蝙蝠的翼膜从肩顶一直延伸到尾部，并且包括后腿在内。这种构造明显是为适应滑翔而不是适应飞翔的。这说明蝙蝠在能够飞翔之前，也曾经过滑翔阶段。结合松鼠科与猫猴飞翔器官演变的例子，看来行走演变为飞翔也不是"难于上青天"。

从来没上过树的啄木鸟

啄木鸟一般是攀住树干，用它尖尖的嘴巴，啄进树皮裂缝里，到处找虫子吃的。这通常被看作是自然选择下生物适应环境最显著的例子。可是，在南美的拉普拉塔平原上，那里连一棵树也没有，达尔文却见过一种啄木鸟，从构造、色彩、粗糙的音调以及波状的飞翔上看，与我们常见的啄木鸟血缘关系很密切。这竟是一种从未上过树的啄木鸟！

另外，北美有些啄木鸟主要吃果实，而不是吃虫子。还有些啄木鸟翅膀超长，在飞行中捕捉昆虫，而不是在树皮中捉虫子。

同种生物在不同环境下，具有不同的生活习性，只能用自然选择来解释。如果是造物主分别创造的，那不是自找麻烦吗？

最后，我们来看看达尔文是如何化解缺乏过渡类型这一难点的：

● 过渡类型的变种，曾经生存在中间地带，后来被自然选择淘汰。

● 灭绝了的过渡类型，有些可能被保存为化石，但还没被发现。

● 生物构造和生活习性过渡的中间环节，在自然选择使器官走向完善的过程中被淘汰。

眼睛的来龙去脉

与达尔文同时代的自然神学家佩利有个比喻：如果你在地上发现一块手表，你一定会想到钟表设计师，因为像这样神奇的物件，只有聪明的设计师才能设计出来。同样，"眼睛具有不可模仿的装置，可以调焦到不同的距离、接收不同量的光线以及校正球面和色彩的偏差，如果假定眼睛能通过自然选择形成，似乎极为荒谬"。

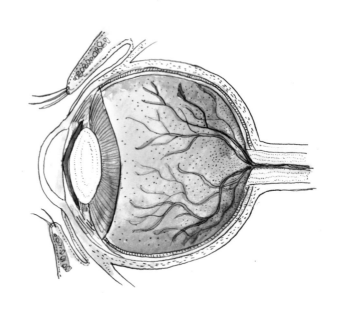

眼睛的演变

最初的视觉器官，只是色素细胞挤在一起，没有视神经，只能分辨明暗，不能识别图像。

最简单的眼睛，由一条视神经组成，环绕着一堆色素细胞，上面覆盖着半透明皮膜，没有晶状体或其他折射体。

这种原始的眼睛，能集中光线，是迈向识别图像的最重要一步。只要视神经暴露的一端，跟"集光器"有着适当的距离，它的上面就能成像。

在完善的复杂眼睛与非常不完善的简单眼睛之间，存在着无数过渡阶段，每一阶段对生物本身都曾是有用的。因此，完善而复杂的眼睛能够通过自然选择而形成，也就不是不可克服的困难了。

眼睛胜过望远镜

眼睛有一厚层的透明组织，下面有感光的神经。厚层内每一部分的密度，在持续缓慢地改变着，分离成不同密度和厚度的很多层。这些层的彼此距离各不相同，每一层的表面形状也在缓慢地改变。

我们假设，有一种力量——自然选择的力量，总是十分关注透明层的每一个微小的变异，只要这种变异能以任何方式或在任何程度上，倾向于产生更为清晰一点儿的图像，它就会被保存下来。我们再假定，这一器官的每一种新状态，都会成百万倍地繁增；每种状态一直被保存，直到更好的状态产生后，原有状态才会消失。在生物体内，变异会引起一些轻微的改变，生殖作用会使它几乎无限地繁增，而自然选择会以准确无误的技巧，挑选出每一个改进，将它保存和积累下来。

这种过程历经千百万年，每年作用于千千万万各种种类的个体。难道我们会怀疑，这样形成的活的光学器具——眼睛，竟然比不上人们所发明和改进的人工玻璃器具——望远镜吗？

世界上有天生的技能（本能）吗？
本能是造物主给的吗？

本能的获得和改变，能不能通过自然选择来实现呢？如果达尔文无法阐明本能也会变异、自然选择会把本能的有利变异保存并积累起来的话，那么，本能就是造物主给（天赋或特创）的。因此，他心里很清楚："像蜜蜂营造蜂房这种奇妙的本能，大概很多读者已经想到过，它作为一个难点，足以推翻我的整个理论。"让我们看看他是怎么样在第七章"本能"中，解决这个问题的。

什么是本能？

《现代汉语词典》是这样解释"本能"的："人类和动物不学就会的本领，如初生的婴儿会哭会吃奶，蜜蜂酿蜜等都是本能的表现。"这跟生物学的定义差不多。达尔文说："我们本身有了经验才能完成的活动，而被一种没有经验（尤其是幼小）的动物所完成，而且它们根本不知道是为了什么目的，却又按照同一方式来完成时，这通常就被称作是出自本能的。"

莫扎特3岁时就能弹钢琴，这是本能吗？答案是否定的。因为他并非压根儿没经过任何训练，出手就能弹奏一首曲子，所以不能算是出自本能。

本能确实有变异

记得我上小学时，语文课本里有篇课文："秋天到了,天气凉了,树叶黄了,一片片叶子从树上落下来。天空那么蓝,那么高,一群大雁往南飞,一会儿排成个'人'字,一会儿排成个'一'字。"

北半球大雁南飞，是动物迁徙的本能，但是，它们在迁徙范围和方向上会有变异，有时这一本能甚至会完全消失。鸟类筑巢也是出自本能，但也会因栖居地环境和气候不同而有变异。

美国鸟类学家奥杜邦曾举过几个显著的例子说明，即使是同一种鸟的鸟巢，在美国北部和南部也不完全相同。对敌害的恐惧，肯定也是一种动物的本能，巢中的雏鸟刚孵出来，就会对敌害产生恐惧。当然这种恐惧也会通过经验而加强，比如一群小鸟在地上找东西吃，如果其中有一只鸟受惊飞走，其余的鸟也都立刻一起飞走。

荒岛上的各类动物，开始不怕人，后来被人类捕杀后，就逐渐地对人类产生了恐惧。由于挪威比英国人烟稀少，因此"喜鹊在英格兰很警戒,在挪威却很温顺"。所以，本能也会变异。

鸠占鹊巢

鸠占鹊巢是个典故，"鸠"是指杜鹃，而鹊巢实际上是雀巢。杜鹃常常把自己的蛋下在雀类小鸟的窝里，雀类会误认为是自己的蛋而孵化出来，并且还替杜鹃照料这些雏鸟。这对杜鹃来说当然很有利，可是它怎么会干这种投机取巧的事呢？

杜鹃

好运气很重要

达尔文认为，杜鹃这一本能的直接原因，是因为它并不是每天都下蛋，而是隔两三天才下一次蛋。它如果自己筑巢、孵卵的话，最先下的那些蛋，就要过些时候才能得到孵化，否则在同一窝里就会有不同年龄的蛋和雏鸟了。这样的话，产卵及孵卵的过程会很长而且不方便，尤其是雌鸟不得不早早地迁徙，最初孵出的雏鸟就只好由雄鸟来独自喂养。

美洲杜鹃就处于这种困境：它既要自己造巢，又要产卵，还要照料先后孵化出来的雏鸟。最初也许出于偶然，不小心把蛋下在了别的鸟巢里——哈，雀巢一下子就变成了它的孵化器和托儿所啦！这开头的偶然成功，经过自然选择的保存和长期积累，最终成了一种本能。

原来还是自然选择在起作用

"现在让我们假定，欧洲杜鹃的古代祖先，也有美洲杜鹃的习性：它们偶尔也在其他的鸟巢里产卵。如果这种古代的鸟从这偶尔的习性中得到了好处，或者如果雏鸟由于利用了另一种鸟的母爱本能而被误养，并且比亲生母鸟养育得还更加强壮——这完全是可能的，因为亲生母鸟同时还要产卵并照料不同年龄的雏鸟，太忙了，顾不上——那么，欧洲杜鹃的古代祖先以及它们被代养的雏鸟，都会得到好处。"

这样养育起来的小鸟，通过遗传大概就会跟母鸟一样，会有偶尔的、奇特的习性，当轮到它们产卵时，便倾向于把蛋下在其他鸟的窝里，因而便能更成功地养育幼鸟。经过这种性质的连续过程，杜鹃的奇异本能就产生出来了。

这种情形说明，只要这种自然习性（本能）对杜鹃有利，同时，替杜鹃孵卵和代养雏鸟的雀类，也没有为此受害而遭到灭绝，那么，自然选择会把这种临时习性变成永久习性。这有什么不可克服的困难呢？

等着瞧，达尔文后面还有更好的例子呢！

蓄养奴隶的蚁类

蚁类蓄养奴隶的现象十分普遍。与人类奴隶制社会不同，蚁类蓄养的奴隶，跟自己不是同一物种，比如下面例子里的奴隶主是红蚁，其奴隶则是属于不同物种的黑蚁。红蚁靠黑蚁才能生存，如果没有黑蚁的帮助，红蚁在一年之内肯定灭绝。蚁类这一非凡的本能，能不能用自然选择理论来解释呢？

奴隶主红蚁

红蚁中的雄蚁以及能育的雌蚁，是什么事都不干的"二流子"。工蚁（也就是不育的雌蚁）尽管极为奋发勇敢地捕捉奴隶，除此以外却不做其他任何工作。它们既不能营造自己的巢穴，也不能喂养自己的幼虫。当老巢不再方便使用而不得不搬家时，决定迁移的却是奴蚁，也是这些奴蚁将主子们衔在嘴里搬离老巢。

奴隶主红蚁真的十分无用。有位科学家曾做过实验，把 30 只红蚁关起来，与奴蚁完全隔绝，尽管在那里放入它们最喜爱的食物，同时把它们的幼虫和蛹也放进去，以便刺激它们工作，可是它们依然什么事也不干。它们甚至不能自己吃东西，实际上，很多红蚁面对丰富的食物，却很快地饿死了。

奴隶是奴隶主的大救星

然后，科学家放入一只奴蚁（即黑蚁），这只黑蚁立即动手工作，它给奴隶主红蚁喂食，并救活了那些幸存者。它还营造了几间蚁穴、照料幼虫，并把一切整理得有条有理。如果我们不熟悉其他蓄养奴隶的蚁类的话，怎么能想象出蓄奴蚁有如此奇妙的本能呢？

达尔文认为，红蚁的本能也是通过自然选择产生的。比如说，某种蚁类会把蛹散落在另一种蚁类的巢穴附近，后一种蚁类虽然并不蓄养奴隶，但它们也会把这些蛹带回去，打算贮存起来做食物用。但这些蛹可能会发育起来，因此，这些外来蚁无意中被养育起来，它们会按照原有的本能，做它们所能做的事情。

如果外来蚁所做的事对捕捉它们的那一种蚁类有好处，或者说捕捉外来蚁比自己生育工蚁更有利的话，那么，原来为了食用而采集蚁蛹的习性，便通过自然选择得到加强，并永久保留下来成了本能，而且变成以蓄养奴蚁为目的了。你看这多么神奇啊！

蜜蜂营造蜂房的本能

    数学家们认为，蜜蜂解决了一个深奥的数学问题，它们建造的蜂房，不但耗用蜂蜡最少，而且能装最可能多的蜂蜜。一个熟练工人，即使有合适的工具和规格尺寸，也很难造出如此完美的蜡质蜂巢，然而一群蜜蜂却能在黑暗的蜂巢内圆满完成。它们怎能造出那些必需的角和面、怎能察觉出蜂房建造得是否正确呢？

美妙来自本能

    这一切美妙的工作，只是出自几种非常简单的本能而已。蜂房的形状与邻接蜂房的存在密切相关：很多蜜蜂一起合作，一只蜂在一个蜂房里工作短时间之后，便移到另一个蜂房；从营造第一个蜂房开始，就有 20 只蜂在一起工作。蜜蜂间有着均衡分配，所有蜜蜂都出自本能地站在彼此相等的间距之内，都试图掘凿相等的球形，于是，便筑造起这些球形之间的交切面。

    自然选择利用简单本能的无数连续微小的变异，引导蜜蜂在双层上掘出彼此保持一定间距的、同等大小的球形体，并且沿着交切面筑起和掘凿出蜡壁。

省蜡是无形的动力

当然，蜜蜂并不知道它们是在掘造球形体，也不知道彼此间要保持特定的间距，更不知道六面柱体以及底部菱形板的几个角度。自然选择只有通过构造或本能的微小、有利变异的积累，才能发挥作用。那么，有人会问：蜜蜂的建筑本能，肯定经历了漫长而渐变的连续变异阶段，最后才达到完善状态，对于它们的祖先来说，那些不很完美的状态有过什么益处呢？

蜜蜂很难采到充足的花蜜，一箱蜜蜂分泌一磅蜡，要消耗12—15磅的干糖。因而，一个蜂箱的蜜蜂造巢所需的蜡，要消耗大量的液体花蜜。因此自然选择过程的动力，在于节省蜡；通过节省蜡而大大地节省了蜂蜜，并且节省了采集蜂蜜的时间，必然是蜂族成功的最重要因素。所以，蜜蜂筑巢过程中，省一点蜡，就获得一份成功，并通过遗传把这种新获得的节约本能传给新一代的蜂群，使新一代在生存斗争中更有可能成功。

因此，鸠占鹊巢、蚁类蓄奴、蜜蜂筑巢的本能，都不是天赋或特创的，而是自然选择的结果。

骡子为什么不能生小骡子
杂交现象

让我们想象一下，假如不同物种之间能自由杂交，并且很容易产出后代，而它们的后代又有生育能力的话，世界会变成什么样子呢？世界上肯定充满许多非驴非马的怪物。因此，对不同物种之间的生殖隔离（即互不交配），特创论者说：瞧，这正是造物主为了保持物种纯正，而特别赋予物种的天性。在达尔文看来，这就给他的理论带来了第四个大难题。这也是他在第八章"杂交现象"中要回答的。

杂交不育性[1]的原因

正像达尔文一辈子也没弄清变异的原因一样，对于杂交不育性的原因，达尔文也无法搞清楚，因为能够弄清这些原因的遗传学当时还没有发展起来。

现在我们知道，每一物种的遗传基因程序、染色体数目和结构都不同，使不同物种之间的杂交非常困难，甚至于完全不可能。

地球上会有这样的生物吗？

也许你会问，那马和驴不是可以杂交，而且能生下健壮的骡子吗？但这只是少数特例，是因为马和驴的亲缘关系很近，很早被驯化，饲养环境相似以及人为交配。即使这样，它们的后代骡子还是不能生育。

---

[1] 杂交不育性是指不同物种之间杂交之后，不会生育后代。即使在极少数情况下（像马和驴杂交）会生育出后代（如骡子），但其后代（即骡子）绝不会再生育。

达尔文的解释

达尔文非常了不起，尽管他不清楚杂交不育性的原因，但根据经验，他把其中的规律摸得很透，而他的解释又很有说服力。他的主要观点包括：

● 不同物种之间杂交，虽然常常不会生育后代，但并不是绝对的，有些也能产生后代（即杂种），但杂种（如骡子）没有生育能力。

● 不育性在同一物种的不同个体中，也存在变异性，而且对生活条件的适宜程度非常敏感。

● 不育性的程度，跟亲缘关系有关，但也有例外，还受到一些奇妙而复杂的法则所控制。

● 同一物种内不同变种（比如狗的不同品种）杂交一般能生育，它们所生后代（又叫混种）一般也能生育，但是，它们的能育（即能够生育）程度，也有差异，其中也有不育的情况。请记住：当它们不再能生育时，人们就会把它们看成是两个不同物种了。

● 大多数变种是在家养状态下，仅仅根据对外部差异（而不是生殖系统中的差异）的选择而产生出来的，所以尽管外表差异很大，生殖系统差异并不大，因而不同变种杂交所生的后代能够生育，也就不奇怪了。

让我们复习一下《物种起源》五至八章的要点

达尔文写《物种起源》这本大书，花了 20 多年的时间。书中那么多内容，先讲什么，后讲什么，其中的学问可大着呢！全书可以分成三个部分，每一部分达尔文想要达到一项目标。150 多年来的实践证明，他对全书的精心布局，收到了很好的效果。

直截了当的开头

《物种起源》第一部分包括开头四章。达尔文从人工选择与自然选择的比较入手，阐明了生存斗争是自然选择的推手。自然选择解释了为什么说地球上的生物不是造物主特地一一地创造出来，而是通过逐渐地演变而来的，解释了为什么说所有生物都有着共同的祖先，地球上的生物多样性，是亿万年生物演化的结果。

别出心裁的过渡

按理说，接下来达尔文应该介绍支持自然选择学说的大量证据。可是他觉得如果读者对他的理论过于怀疑的话，也许根本就不会耐心读下去。他在第二部分（即我们现在要复习的中间四章），把批评者可能提出的疑问作为难点提出来，加以解释，吸引读者往下读。

化解难点

● 第五章化解跟变异有关的疑问：达尔文通过实际经验说明，无论变异的原因是什么，只要对生物有利，经自然选择逐渐累积，引起构造的重要变异，生物才能互相竞争，适者生存。

● 第六章化解对过渡类型缺失以及像眼睛这类极度完善器官演化的疑问：对过渡类型缺失，达尔文认为，由于只有少数过渡类型会侥幸保存为化石，地质记录又很不完整，这些化石目前还没有被发现。在后面第九、第十两章里，他将用地质学的证据来进一步化解这一疑问。至于眼睛，在完善及复杂的眼睛与非常不完善的简单眼睛之间，也有无数过渡阶段，每一阶段对生物本身都曾是有用的，因此，完善而复杂的眼睛也是通过自然选择形成的。

● 第七章用了鸠占鹊巢、蚁类蓄奴、蜜蜂筑巢的例子，说明这些本能都不是天赋或特创的，而是自然选择的结果。

● 第八章用实例说明变种与物种之间、混种与杂种之间、能育性与不育性之间，都是逐渐过渡、通过自然选择的，杂交不育性绝不是天赋。

下一章开始进入第三部分——证据。

79

岩层是一本残缺不全的书
写在石头里的历史

地质记录，是指写在岩石中的地球和生物的历史。暴露在地表的岩石以及其中埋藏的化石，是地质古生物学家用来解读地球历史的"书籍"。每一层岩石像书中的一页，都记载着自己的历史，但这本书是残破不全的，其中缺失了很多页。达尔文在第九章"地质记录的不完整"中，巧妙地用地质记录的不完整性，一方面为他的理论难点辩护，另一方面又作为证据来支持他的理论。让我们来看看他是怎样用一块"石头"打中两只"鸟"的。

过渡类型的缺失

"曾经生存过的过渡类型，数量必定是极大的。那么，为什么在每一套地层以及各个层位中并没有充满着这些中间环节呢？地质学确实没有揭示出这类逐渐过渡的生物链条，也许这是反对我的学说的最明显、最严重的理由，但是我认为，地质记录的极度不完整，却可以解释这一难点。"

那么，造成地质记录不完整的原因，究竟是什么呢？我们得先弄清楚地壳中一层一层的岩石，是如何记录地球及生命历史的。

保存成化石不容易

如果说地层是一本大书，保存在岩石中的化石，就是解读这本书的密码。可是，这些密码不是很容易就能保存下来，这是因为：

● 完全软体的生物，很少能被保存下来。

● 遗留在海底的贝壳和骨骼，如果不被泥沙迅速掩埋，也会腐烂和消失。

● 如果贝壳和骨骼被埋藏在沙子或砾石中，当地层上升时，一般会被渗入的雨水溶解。

● 生长在海边沙滩上的许多动物，由于潮水冲刷，很少能保存下来。

● 陆地上的动物死亡之后，如果不是很快被冲入河流或湖泊，被泥沙迅速掩埋的话，就会被其他动物吃掉，或者腐烂和消失。

● 陆地上的植物死后，如果不是立马被雨水冲入附近的河流或湖泊中，被泥沙迅速掩埋的话，也会腐烂和消失。

发现化石也不容易

即使上面讲的动植物有少数侥幸变成了化石，还可能受到像造山运动、断层、岩浆焙烤等各种地质活动的破坏，经过这"九九八十一难"之后，还得要碰巧在岩石遭到风化、化石暴露在地表时，又刚好被人们发现，才可能被古生物学家研究。

化石记录很不完整

"人人都承认，我们所收集的古生物化石标本是很不完全的……比如很多化石物种的发现和命名，都是根据单个的而且常常是破碎的标本，或是根据采自某一个地点的少数几个标本。地球表面只有很小一部分，已经过地质考察。"所以，直到如今古生物学家们还在不断地发现新的化石。

比车祸的概率还低

上面讲到，一个生物个体死亡后，它能保存下来成为化石并被发现的机会，并不比一个人出车祸的机会大多少。

化石一般保存在河流、湖泊和海洋的沉积物中，这些沉积物后来在高压等地质条件下，变成了坚硬的沉积岩层。大多数沉积岩层深埋在地下，我们根本看不到；只有少数被抬升到地表的岩层，其中所保存的化石，我们才有可能观察到。

暴露在地表的含化石岩层，在人类出现以前长期地被日晒雨淋，经过大自然的风化和侵蚀作用，大多又变成泥沙，被冲入河流、湖泊和海洋中。当然，其中的化石也被破坏了。

瞧，幸存的化石是多么少啊！

地质记录也不完整

地质记录的不完整，还有更重要的原因：地层之间存在着漫长的沉积间断，这是因为没有沉积物堆积的时间，常常比有沉积物堆积的时间还要长。

在陆地上，除了移动的冰川和沙丘之外，只有江河湖泊才会有沉积物的堆积。在海洋中，只有陆上河流带入海洋大量的泥沙，才可能有足量的沉积物。而这些常常是季节性的，而不是长年不断的。

另外，达尔文在南美考察时，发现千百英里的海岸竟没有任何广泛分布的近代沉积物，也没有留下什么海生动物群存在的化石记录。这是为什么呢？

"无疑，原因在于：海滨沉积物以及靠近海滨的沉积物，被缓慢而逐渐地抬升，暴露在海岸波浪的冲刷范围之内，不断地被海浪冲蚀干净。"

也就是说，这些沉积物在达尔文到来之前，已经被冲走了。因此，这种沉积间断现象（即沉积物不连续），注定了地质记录的不完整；现存的地质记录只代表了地球和生物史的一部分，那么，地球和生物的历史到底有多长呢？

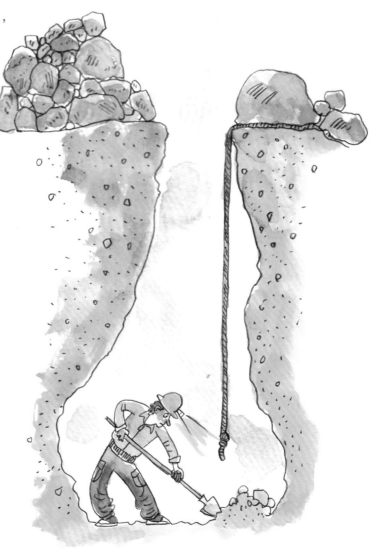

疑点反倒成了证据

达尔文的高明之处，在于他善于论辩，常常把不利因素化为有利因素。本来批评者可以质问他，请让我看看你那些生物演化的过渡类型吧。他说，由于地质记录的不完整，我们还没有发现这么多过渡类型的化石。然后，他又用地质记录的不完整作为证据，来对付可能让他头痛的另一个难题，即：如果认为所有的生物变化都是通过自然选择缓慢实现的话，那么地球历史该有多长才能产生如此大量的生物变化呢？

地球的历史好长哦！

达尔文说，时间不成问题！由于地质记录不完整，我们从这些记录中所看到的，只是整个地球历史的不同瞬间的组合，而整个历史远比我们想象的要长得多。

现在我们知道地球至少有 46 亿岁啦！

"时间逝去的遗痕标志到处可见，而一个人必须成年累月地亲自考察大量层层相叠的岩层，观察大海如何磨蚀掉老的岩石，使它成为新的沉积物，才可能对时间的逝去有所了解。"

好，让我们依照达尔文老爷爷的建议，沿着不太坚硬的岩石所形成的海岸线逛逛，看一看海浪冲蚀海岸的过程吧。

看海喽！

我们看到：海潮抵达岸边岩崖，每天只有两次，时间也很短，而且只有当波浪挟带着大量沙子或小砾石时，才能剥蚀岸边的岩崖。单单是清水的话，对岩石的冲蚀效果很小，或根本无效。这样每天两次短暂的海浪冲蚀，不知要过多久，岩崖的底部才能被掏空。那时，巨大的石块才会坠落下来，堆在那里，然后一点一点地被磨蚀，直至它们变小到能随着波浪滚来滚去，才会更快地被磨碎成小砾石、砂或泥。

我们还看到一些被磨圆了的巨大的砾石，上面长满了很多海洋生物，这说明这些大砾石很少被磨蚀，而且很少被翻动。想想看，这些大砾石变成小砾石、砂或泥，得需要多少年啊！

这么厚的砾石层又代表多少年呀？

上面我们对海岸岩崖是多么缓慢地被冲蚀，印象足够深刻了吧？那么，当你在野外一下子看到好几千英尺厚的砾石岩层，你该目瞪口呆了吧？从砾岩中那些被磨圆了的小砾石所代表的时间来看，这些砾岩的堆积该多慢、它所消耗的时间该多长啊！

地质古生物学带来了希望

"地质学研究，为现生以及灭绝了的属增添了无数的物种，已经缩小了少数类群之间原来存在的间隔，但却几乎没能用无数细微、中间的变种，将一些物种连接起来，而破除它们之间的界限。"

自从达尔文说了这番话之后，150多年来，地质古生物学研究，不断地增添新物种，不断地发现各种过渡类型。

达尔文的论辩仍然正确

"即使在今天，我们有很多完整标本，也很少有可能用一些中间的变种把两个类型连接起来，进而证明二者属于同一物种，除非能从很多地方采集到很多标本。而在化石物种中，这一点是很少能实现的。如果想理解为什么不可能通过无数细微、中间的化石环节来连接物种，或许我们最好问一下自己：譬如，地质学家们在未来的某一时代，能不能证明牛、绵羊、马以及狗的各个品种，是从一个还是几个原始祖先传下来的？"

由于前面所讨论过的地质和化石记录的不完整，我们不能指望会找到所有过渡类型的化石，但至今我们确实已经找到了不少。

一部残缺不全的地球历史书

达尔文在本章中谈到了化石保存的困难，也讨论了化石记录的残缺和地质记录的不完整，并且用这些来解释过渡类型的缺失，说明了地球历史的漫长，为他的生物缓慢逐渐演化的理论，提供了足够的时间。

本章末尾，他用下面的比喻，总结了地质记录的不完整：

"根据莱尔的比喻，我把地质记录看成是一部保存不完整并且用变化着的方言写成的世界史。在这部史书中，我们只有最后一卷，而且只是关于两三个国家的。而在这一卷中，又只是在凌乱几处保存了短短一章，每页也只是在凌乱几处保存了少数几行。用来书写历史的这种缓慢变化的语言里，每一个字在断续相连的各章中，又或多或少有些不同。这些字可能代表埋藏在前后相连但又时隔很远的地层中的、看着像是突然改变了的各种生物类型。按照这一观点，上面所讨论的各种难点，便会大大地减少，甚至完全消失了。"

下一章里，他将用这部残缺不全的史书中的内容，来支持他的理论。

"你方唱罢我登场"
让实践来检验真理

　　达尔文指出，地质记录的不完整，反而表明了地球历史的漫长。在第十章"生物在地史上的演替"中，他用当时已经发现的化石记录，阐明生物演化和替代的一些规律：

- 物种一直是变化的。
- 一个物种消失之后不会重现。
- 不同物种的变化速度不同。
- 新物种是在旧物种的基础上"改进"而来的，不是造物主的新创作。
- 古今所有生物类型汇成一个庞大的系统——生命之树。

还是我的理论更说得通

　　"现在让我们看一看，与生物在地史上的演替有关的几项事实和规律，究竟是与物种不变的普通观点一致，还是与物种通过传衍和自然选择而缓慢地、逐渐地发生变化的观点一致。"

　　首先，化石记录告诉我们，一般说来，越是古老的沉积岩层中发现的化石，结构越简单，跟现在生活在地球上的生物之间的差别也越大，而相近年代的地层中的同类化石，互相之间就更加相似一些。这说明物种一直是在变化的，并与物种通过传衍而逐渐变化的观点一致。如果物种是神创的话，为什么会有从简单到复杂的过渡呢？

生物在地史上演替的轮廓

在我们继续往下讨论之前，先介绍一下化石记录的大概轮廓。

地球距今大约有 46 亿年的历史，这么长的历史，我们怎么来理解呢？不妨把 46 亿年看成我们生活中的一年。现在所知道的最早的生命迹象，是一些细菌化石，出现在约 35 亿年前的岩层中，大致相当于一年中的 3 月底。

大约 12 亿年前，地球上出现了具有细胞核的最简单的"真核生物"，这时差不多已是 9 月底了。在大约 6 亿年前，也就是相当于 11 月中旬，才开始出现一些像海绵、水母和蠕虫之类的多细胞生物。但在那之后不久，就发生了所谓的"寒武纪大爆发"（约 5.4 亿年前），此后在 2000 万年之间，多数主要动物类群先后出现了。接近 11 月底（约 4 亿年前），陆地上出现了植物和四足动物。

千呼万唤始出来

大约 2.25 亿年前，也就是快到 12 月中旬了，恐龙才出现。12 月 31 日凌晨，我们人类才姗姗来迟。

对地球历史的漫长，现在你也许有点儿概念了吧？下面我们看看地质时代是怎样划分的。

地质时代的划分

　　地质时代的划分，本身就是依据化石记录的，而化石记录是达尔文演化理论最直接的证据。我们把"寒武纪大爆发"之前的 40 亿年称为"隐生宙"，是指这一期间留下的化石极少，生物记录十分隐蔽或完全缺失。最近的 6 亿年称为"显生宙"，说明化石记录开始越来越明显、丰富了。

古生代、中生代、新生代

　　显生宙又分成三个大的时代，从老到新，依次是古生代、中生代和新生代。古生代意思是"古老生物的时代"，新生代是指"新近生物的时代"，而中生代是夹在它们之间的"'中间'生物的时代"。

宙	代	纪	生物进化
显生宙	新生代	第四纪	
		第三纪	
	中生代	白垩纪 侏罗纪 三叠纪	
	古生代	二叠纪 石炭纪 泥盆纪 志留纪 寒武纪	
隐生宙	元古	震旦纪	
	太古		地球形成
			太阳系形成

　　三个时代之间，被地球历史上的所谓生物大灭绝事件隔开。古生代末的二叠纪末生物大灭绝，是地球历史上规模最大的，90% 以上的海洋生物和 70% 以上的陆生脊椎动物灭绝。而最有名的是中生代末的白垩纪末生物大灭绝，包括恐龙在内的 70% 以上的物种灭绝。

　　俗话说，旧的不去新的不来，生物灭绝是生物演化的一个重要的方面，因此，达尔文对生物灭绝事件十分重视。

90

物种灭绝之后不会重现

　　一个物种一旦灭绝，哪怕完全相同的环境和生活条件再现，一模一样的类型也绝不会重现。例如，如果现在的扇尾鸽将来灭绝了，养鸽者可能会培育出和现在的扇尾鸽十分相似的新的扇尾鸽，但却不可能培育出与现在的扇尾鸽一模一样的品种来。因为新的扇尾鸽，一定会从自己的祖先那里，遗传来一些与现在的扇尾鸽不同的特征。

恐龙会复活吗?

原来它们是不同种的马

　　达尔文在南美发现了一种马的牙齿化石，跟乳齿象、大懒兽、箭齿兽等怪兽化石埋藏在一起，这使他惊奇不已。他以为马是被西班牙人引进南美的，后来又变成了野生动物，遍布整个南美，并且增殖极快。因此他觉得对于马来说，南美有着极其有利的生活条件，它们为什么竟会灭绝、变成化石了呢?

　　后来经过哺乳动物专家欧文教授鉴定，原来这些化石马与西班牙人引进的马，根本就不是相同的种！南美古代的马早已灭绝了；现在的马是后来由西班牙人重新引进的，它们并不是化石马的重现——达尔文这才恍然大悟！

不同物种的演化速度不同

"根据自然选择理论，旧类型的灭绝与新的、改进了的类型的产生，是密切相关的……现在让我们来看看灭绝物种与现生物种之间的相互亲缘关系。它们都属于一个庞大的自然系统。根据生物传衍原理，这一事实立马便可得到解释。任何类型越古老，按照一般规律，它与现生的类型之间的差异也就越大。"

但是，不同纲以及不同属的物种，发生变化的速度和程度都不一样。

活化石海豆芽

现在海洋中生活着一种舌形贝，叫海豆芽。别看它貌不惊人，它的历史可长啦！最早的海豆芽，生活在距今5亿多年以前的寒武纪。更令人惊奇的是，它与现在的海豆芽，在外表上几乎没什么差别。然而，寒武纪的绝大多数软体动物和所有的甲壳类，却已发生了极大的变化：很多早已灭绝了，剩下的也演化出与原来的祖先大不相同的后代。正因如此，古生物学家又称海豆芽这样演化速度极慢的生物为"活化石"。

这说明不同物种之间，变化或演化的速度和程度大不一样。

物种世代相传的系列

尽管现在的海豆芽，外表上跟 5 亿多年前的海豆芽化石很相像，但由于化石只保存了外部构造，并不表明它们在其他方面没有差别。海豆芽属里的种，必定是通过一条连续不断的世代系列，从寒武纪到如今，一直连续地生存着。

我们还看到：第三纪最老的地层里，有少数现在还活着的贝类，跟很多灭绝了的生物类型埋藏在一起。在喜马拉雅的沉积物中，也有一种现在还生存着的鳄鱼，与很多奇怪及灭绝了的哺乳动物和爬行动物化石保存在一起。

按照特创论观点，照理说那些贝类和这种鳄鱼，也应该跟其他灭绝了的生物一样，在大灾变中一起灭绝了。可它们为什么现在还活着呢？化石记录的这种情形，用特创论就无法解释。但是按照生物传衍和逐渐演化的观点，由于演化速度和程度不同，这些贝类和鳄鱼是原有的、变异很少的类型，所以一直残存到今天；而灭绝了的物种，很多是被从它们演化出来的新物种取代了。

下面我们要讨论的生物类型演替的现象，特创论就更无法解释了。

毫无创意的造物主

"克利夫特先生在很多年前曾表明，在大洋洲洞穴内发现的哺乳动物化石，与现在生活在大洋洲的袋鼠类亲缘关系密切。类似的关系在南美也能见到，甚至连外行都能看出来，南美拉普拉塔一些地方所发现的巨大甲片化石，与现生的犰狳甲片很相像。欧文教授曾指出，埋藏在拉普拉塔的无数哺乳动物化石，大多数与南美现在仍然活着的类型相关。"

难道造物主太缺乏创意了？一批生物灭绝了，重新创造出来的生物，还跟以前的差不多？

达尔文如是说

按照达尔文的理论，这种现象很好解释：因为所有生物都是由世代亲缘连在一起的。这就像同一个村里，同姓的各户人家都沾点儿亲一样。

"同一个属的物种和同一个科的属，只能缓慢、渐进地增加，因为变异的过程以及一些近缘类型的产生，必然是缓慢、逐渐的过程。一个物种先产生两三个变种，这些变种再缓慢地转变成物种，它们转而又逐渐产生其他物种，直至变成大的类群，就像一棵大树从单独一条树干上发出很多分枝一样。"

化石是生物演化的最好见证

"古生物学上的一些重大事实，在我看来，如果依据通过自然选择而演化的理论，简直是顺理成章的了。"

因此我们能理解，新物种是缓慢、相继产生的。不同纲的物种不一定一起发生变化，也不一定以同等的速度或同等的程度发生变化。但久而久之，所有的生物都经历了一些变异。老的类型灭绝，几乎是产生新类型的必然结果。一个物种一旦消失，就不再重现，因为其中世代的环节已经断开。

我们能够理解，为什么类型愈古老，它与现在的类型之间也就差别越大。古代的灭绝类型的发现，往往会把两个不同类群之间的亲缘关系稍微拉近一些。这类化石，又叫"过渡类型"或"中间环节"。不过，灭绝的类型并不直接地介于现在依然生存的不同类型之间，而是介于这两类的祖先类型之间，并通过中间许多灭绝了的不同类型，把现生的不同类型联系起来。

化石证据表明：物种是通过世代传衍而来，旧的类型被新的、改进的类型所取代，新类型由变异产生，并被"自然选择"所保存。

地理分布
环球考察的启示

《物种起源》一书《绪论》的头一句话就是："作为博物学家，我曾跟随贝格尔号皇家军舰环球考察，在那期间，有一些事实曾深深地打动了我：一是南美生物的地理分布，二是那里的现代生物与古代生物之间的地质关系。这些事实似乎对物种起源问题有所启发。"在第十一、第十二章"地理分布"中，达尔文把自己观察到的事实纳入对物种起源的探讨中。

三件奇妙的事实

1. 为什么不同大陆的气候和环境条件相似，而生物类型却大不一样？比如非洲沙漠与美洲沙漠，生物表面相似，但本质上差别很大。

2. 为什么两个不同区域间如果生物不能自由迁移的话，生物类型往往差别很大？比如海岛与大陆的生物很不相同。

3. 为什么同一大陆上或同一海洋里的生物亲缘关系相近？比如大洋洲的哺乳动物都是像袋鼠那样，肚子上有个"育儿袋"的有袋类，跟其他大陆上的哺乳动物不同。

新大陆与旧大陆

哥伦布发现的新大陆是指美洲和大洋洲，而亚洲、欧洲和非洲称为旧大陆。生物地理分布上最基本的分界之一，是新大陆与旧大陆之间的分界，也就是说分界线两边的生物类型大不相同。达尔文在新大陆考察时，看到了与旧大陆十分相似的气候和地理环境，但那里却生活着与欧洲大不相同的生物类型，这引起了他极大的好奇。

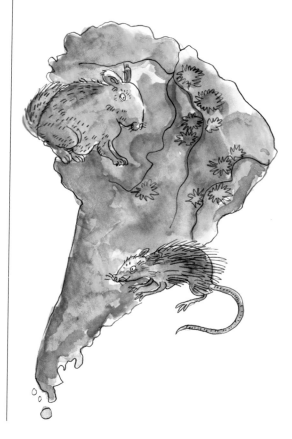

"在南美拉普拉塔平原上，我们看到了刺鼠和绒鼠，这些动物与我们的野兔和家兔的习性几乎相同，但是它们明显地具有美洲型式的构造。我们登上科迪勒拉山脉巍峨的山峰，发现了绒鼠的一个高山种；我们向水中看去，却见不到海狸或麝鼠，但能见到美洲型式的啮齿类河鼠和水豚。其他的例子举不胜举。"

如果这些生物是像特创论所说的那样，都是由造物主创造出来的，那么，造物主干吗要费这么大的功夫，在不同大陆相同的气候和环境里，创造出外表相似，但构造型式完全不同的物种呢？

天然屏障的阻隔

　　上一节里谈到，新大陆与旧大陆相同的气候和环境里，却有着完全不同的物种，这一点特创论没法解释。但是，按照达尔文的理论，这种情形就不难理解。根据遗传和变异的原理，一个物种栖居的地域总是连在一起的，它的祖先类型在一个地方起源，然后向四周扩散。虽然在扩散过程中会发生变异，但是遗传会使它们保持大体上十分相像。当一种植物或动物，在扩散过程中被高大的山脉或宽阔的海洋所阻隔，而难以穿越的话，那它们就只能看山发愁、望洋兴叹啦。因此，被这类天然屏障所隔开的两个不同地区，有着不同的生物物种，也就不值得大惊小怪了。

不会游水的"旱鸭子"

　　"如果同一个物种能在相互隔离的两个地点产生的话，那么，我们为什么没有发现哪怕是一种哺乳动物，同时生活在欧洲与大洋洲或南美呢？它们的生活条件几乎相同，以至于很多欧洲的其他动物和植物，已在美洲和大洋洲归化了。"

　　这是因为陆生哺乳动物多数是不会游水的"旱鸭子"，那些会游的，也没法子跨洋过海。

万水千山隔不断

如果世界上生物的地理分布，都像上一节所讲的那样，被隔开的两个不同地区，有着不同的生物物种，那问题就简单得多了。可是，现实中偏偏有一些例外：

1. 在相距很远的不同高山的顶峰之上、在北极和南极，存在着同一物种。比如，分别位于南北两半球的两个地方，有一些完全相同的土著植物。

2. 河流、湖泊之间被大片陆地隔开，互不相连，但里面广泛分布着淡水生物的同一物种。

3. 有一些岛屿与大陆之间被数百英里宽的大海所分隔，但两地却出现同一个陆生物种。

跟上一节讨论的情况相反，这些例外的分布情形，似乎用特创论反而容易解释，因为相信特创论的人，当然相信神力无边啦。但是，达尔文说：且慢！如果同一物种存在于地球上相距很远、相互隔离的不同地点的现象，能被我主张的"物种是从单一起源地扩散开来"的观点解释的话，那么，我的理论不就更站得住脚了吗？

下面让我们来看看，他是怎么去解释这些奇怪的分布情形的。

生物扩散的方法

在地球历史上，海洋和陆地的位置并不是固定不变的：海平面有升有降，陆地可以抬升或下沉。因此，现在的地理屏障，过去也许并不存在。比如，现在亚洲与北美之间的分界白令海峡，平均深度只有 30—50 米，在 1.8 万—3 万多年前的冰期，海平面下降，那里曾是露出海面的"陆桥"，亚洲和北美的很多动物、植物和人类，可以通过白令陆桥"交往"——连护照和签证都不要！

巴拿马地峡

同样，像美洲中部巴拿马地峡那样狭窄的地峡，既可以把大西洋和太平洋的海生动物群分隔开来，也可以使南美洲和北美洲的陆生动物、植物群自由来往和交流。假如这条地峡在水中沉没了，那么，两边的海生动物群就会混合在一起，而南、北美洲陆上的动植物群就会被隔离开来。

沉没的岛屿

另外，先前存在过的很多岛屿，现在已经沉没在海里了，它们从前可能曾是植物以及很多动物扩散时中途歇脚的地方。在生长着珊瑚的海洋中，这些沉没的岛屿上面，现今分布着珊瑚环或环礁。

椰子树漂洋过海

即使在有地理屏障阻隔的情形下，生物（尤其是植物和飞行动物）也可以通过很多偶然的扩散方式，翻山越岭、跨洋过海。

生长在热带和亚热带（像海南岛等地）的椰子树，就是明显一例。椰子的原产地在马来群岛，现在却分布在全世界。太平洋、印度洋的许多岛屿上，都有椰子树。为什么呢？因为椰子树的种子又大又轻，可以浮在水面上漂洋过海。

达尔文的小实验

哇！原来植物的种子在海水里浸泡这么多天还能发芽。不过，达尔文依然十分谨慎，他又想到：这些种子会不会沉下去，而根本漂不到大海的对岸去呢？

"植物学论著里，会谈到这一种或那一种植物，不适于广泛地传播；而对跨海传送的难易程度，几乎一无所知。在伯克利先生帮助我做了几种实验之前，甚至关于种子抗拒海水侵害作用的能力究竟有多大，也不知道。"

"我惊奇地发现，在 87 种种子中，有 64 种在海水中浸泡过 28 天后，还能够发芽，而且有少数种类，浸泡过 137 天后仍能生存。"

偶然的扩散方法

除了在海水中浸泡种子的实验之外，达尔文还做了带有成熟果实的植物在海水中漂浮的实验，实验结果表明：约40%的植物种子，能在海上漂浮达28天，可能会漂过900多英里的海面，到达另一个海岛或海岸。

漂浮实验

"新鲜的与风干了的木材，浮在水面上的能力大不相同。我还意识到，大水或许会把植物或枝条冲倒，这些植物或枝条可能在岸上被风干，然后又被新上涨的河流冲刷入海。因此，这让我想到把94种植物的带有成熟果实的树干和枝条弄干后，放入海水中。

"大多数很快沉下去了，而有一些在新鲜时只能漂浮很短一段时间，但干燥后却能漂浮很长时间。譬如，成熟的榛子很快下沉，但干燥后却能漂浮90天左右，而且此后将它种植还能发芽。带有成熟浆果的芦笋能漂浮23天，经干燥之后竟能漂浮85天，而且这些种子以后仍能发芽。"

在这94种风干了的植物中，18种漂浮了28天以上，而且在这18种中还有一些漂浮了更长的时间。这些结果到底意味着什么呢？

102

漂浮距离的推算

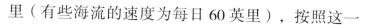

从上面一些零星的事实，达尔文做出如下的推算：任何地域的 14% 的植物种子可以在海流中漂浮 28 天，之后仍然能够保持发芽的能力，大西洋有些海流的平均速度为每日 33 英里（有些海流的速度为每日 60 英里），按照这一速度，属于一个地域的 14% 的植物种子，或许会漂过 924 英里的海面而抵达另一个地域。当这些植物种子被内陆大风刮到一个适宜的地点，它们还会发芽、生根、成长。

到目前为止，我们所讨论的都是种子靠自身扩散的情形，我们把它戏称为"自驾游"吧。下面让我们看看其他一些偶然的扩散方式。

"乘'木筏'游"

漂流的木材会被冲到很多小岛上去，甚至会被冲到位于最广阔的大洋中央的岛屿上去。

"当形状不规则的石子夹在树根中间时，往往有小块泥土充填在缝隙中或包裹在后面，它们填塞得极好，经过长久搬运，也不会被海水冲刷掉一粒；一棵树龄约 50 年的橡树，有一小块泥土被完全地包藏在树根里，从这块泥土中后来竟萌发出三株植物。"

奇特的扩散方法

你如果想成为一名优秀的科学家，就一定要像达尔文老爷爷那样，对各种自然现象充满好奇心，细心观察，不时地动手做些实验，还要学会问有意思的问题，然后去寻找正确的答案。下面这些植物种子奇特的扩散方法，就是他通过观察、实验、思考、推理而发现的。

"借尸游"

"鸟类尸体漂浮在海上，它的嗉囊里有很多种类的种子，经过很长时间还能发芽。比如，在人造海水中漂浮过30天的一只鸽子，它的嗉囊里的种子，取出来之后，几乎全部萌发了。"

当这只鸽子的尸体漂到一个岛屿或海岸"登陆"之后，尸体腐烂，嗉囊里的种子掉落出来，被吹到岸上的土壤里，就有可能发芽、生根、成长。

"搭便车游"

鸟的嘴巴和脚上有时会沾有泥土。有一次达尔文从一只鹧鸪的脚上，扒拉下来22粒干黏土，发现里面有野豌豆种子那样大的石子。他推想：由于土壤里到处都有种子，每年有几百万只鹌鹑飞越地中海，它们脚上沾带的土里有时会包着几粒种子，这几乎不用怀疑。

"铁扇公主腹中游"

你还记得孙悟空钻进铁扇公主肚子里的故事吧？我们知道鸟吃种子，但有些坚硬的种子，能够通过鸟的消化道跟粪便一起排出体外，而不受任何损伤。因为鸟的嗉囊并不分泌胃液，所以毫不损害种子的发芽。

达尔文曾在花园里，从鸟粪便中拣出了 12 个种类的种子，似乎都很完整，他试种了其中的一些种子，结果都能发芽。他推想：当一只鸟吞食了大批食物后，有些谷粒在 12 小时甚至 18 小时之内，都不会进入砂囊。而在这段时间里，这只鸟可能会被风吹到 500 英里开外的地方。在搬运种子方面，飞鸟也是极为有效的媒介。

在几乎是不毛之地的岛上，几乎没有昆虫或鸟类。每一粒偶然到来的种子，如果适应那里的气候，总会发芽成活的。

"冰上游"

"冰山满载泥土和石头，甚至挟带灌木丛以及陆生鸟的巢穴，因此我毫不怀疑，它们必定有时会把种子从北极或南极区域的一处搬运到另一处；而且在冰期期间，从现今温带的一个地方把种子搬运到另一个地方。"

为什么淡水生物分布广泛？

　　"当初次在巴西的淡水中采集时，我非常吃惊地发现，那里的淡水昆虫、贝类等等与英国很相似，而周围陆生生物则与英国大不相同。

　　"由于湖泊与河系被陆地的屏障所隔开，因此人们也许会认为淡水生物在同一地域内不会分布得很广，又由于大海更是难以逾越的屏障，因此可能会认为淡水生物绝不会扩展到远隔重洋的地域。然而，实际情形却恰恰相反。"

地理变迁

　　对于淡水生物的广布能力，尽管出人意料，但达尔文认为，按照他的理论大多可以得到解释。它们适应于在池塘与池塘、河流与河流之间，进行经常的、短途的迁移，由这种能力而导致广泛扩散，没什么可大惊小怪的。

　　"例如在印度，活鱼被旋风卷到其他地方的情形并不罕见，而且它们的卵脱离了水体依然保持活力。但是，我还是倾向于将淡水鱼类的扩散，主要归因于晚近时期内陆地水平的变化，它导致了河流相互连接汇通。另外，这种情形也曾出现在洪水期间，而陆地水平并无任何变化。"

鸭子脚上的贝类

除了地理变迁导致陆地水域互通之外，淡水生物也能像种子那样，通过偶然的传布方法四处扩散。

达尔文两次看到：当鸭子从满布浮萍的池塘里突然冒出来时，有许多浮萍附着在它们的背上。他还见到过这样一幕：在把少量浮萍从一个水族箱移到另一个水族箱时，无意中把粘在浮萍上的一些淡水贝类，也移到了另一个水族箱里。于是，他又做了这个实验：

"我把一只鸭子的脚，悬放在一个水族箱里（这可以代表浮游在天然池塘中的鸟足），其中很多淡水贝类的卵正在孵化。我发现很多极为细小、刚刚孵出来的贝类，爬在鸭子脚上，而且附着得很牢固，在鸭脚离开水时，它们也没被震落……

"这些刚刚孵出的软体动物尽管在本性上是水生的，但它们在鸭脚上、潮湿的空气中，能够存活 12—20 小时。在这么长的一段时间里，鸭或鹭也许至少可飞行六七百英里。如果它们被风吹过海面，抵达一个海岛或任何其他遥远的地方，一定会降落在池塘或小河里。"

瞧，这些贝类搬进了新家！

为什么大洋岛上没有青蛙和老虎？

岛屿在生物地理学上，一直非常重要，这与生物地理学的奠基人达尔文和华莱士密切相关。也正是他们俩，用岛屿与大陆之间物种组成的明显差异，为演化论提供了有力证据。岛屿分两大类：一类是像英伦三岛和日本群岛那样的大陆岛屿，它们过去曾与大陆相连；另一类是像加拉帕戈斯群岛和夏威夷群岛那样的大洋岛屿，它们是由海底火山或珊瑚礁直接形成的，从未跟任何大陆相连过。大洋岛上缺失一些大陆上常见的物种。

听不到蛙声一片

大洋岛上没有原产的青蛙、癞蛤蟆以及蝾螈。是不是这些岛屿不适合这些动物生长呢？也不是！因为蛙类已被引进马德拉、亚速尔以及毛里求斯，并在那里滋生繁衍，到了令人讨厌的地步。那为什么大洋岛上没有原产的两栖类呢？

"由于这些动物以及它们的卵一遇海水就要完蛋，根据我的观点，便能理解为什么它们极难漂洋过海，因而不存在于任何大洋岛上了。但是按照特创论，就难以解释它们为什么没在那里被创造出来呢。"

豺狼虎豹到哪里去了？

"哺乳动物提供了相似的情形。我已经仔细查询过最早的航海记录，至今没有发现哪怕是一个例子，可以毫无疑问地表明陆生哺乳动物（土著人所饲养的、从大陆引入的家畜除外）栖居在距离大陆或大陆岛屿 300 英里以外的岛屿上。"

并不是说，小岛就不能养活小型的哺乳动物，因为它们生活在世界上很多非常小的岛上，当然这些小岛都离大陆很近。尽管陆生哺乳动物没有出现在大洋岛上，但像蝙蝠这样的飞行哺乳动物，却几乎出现在每一个大洋岛上。

"为什么造物主在遥远的岛上能产生出蝙蝠，却不能产生出其他的哺乳动物来呢？根据我的观点，这一问题很容易解答：因为没有陆生动物能够跨过广阔的海面，但是蝙蝠却能飞越过去。"

大洋岛上虽然缺乏大陆上的一些常见物种，却又产生一些独特的物种。同一群岛的各个小岛上的不同物种，有非常密切的亲缘关系；特别是整个群岛或岛屿上的生物，与最邻近的大陆上的生物，有着明显的关系。

这又是为什么呢？

达尔文的天然实验基地

　　加拉帕戈斯群岛离最近的南美大陆也有 1000 多公里，是完全由海底火山喷发和隆起形成的火山岛。一开始，上面什么生物也没有，后来通过偶然的传布方法，从邻近的南美大陆迁入了少数生物，其中大多是植物和能够飞行的动物（如鸟类和昆虫）。它们的后代，尽管有所变异，但依然会由于遗传的原因，与南美大陆（尤其是最近的西海岸）上的生物，有着明显的亲缘关系。这类情形用特创论是难以解释的。

是就地创造的还是外地迁入的？

　　"在加拉帕戈斯群岛，几乎每一生物，都带有美洲大陆的印记。那里的 26 种陆栖鸟中，有 25 种被古尔德先生定为不同物种，而且假定是在此地创造出来的。然而，其中大多数都与南美的物种有着密切亲缘关系，它表现在每一性状上，表现在习性、姿态与鸣声上。其他的动物以及几乎所有的植物，也是如此。"

　　很明显，加拉帕戈斯群岛曾经接受了来自南美的动植物"移民"，是遗传的原理泄露了它们的原始诞生地，这一点用演化论很容易解释。

达尔文该会多高兴啊!

上一节谈到,对加拉帕戈斯群岛上生物的来历,在达尔文时代还存在着很大争议:究竟是在加拉帕戈斯群岛上就地产生的呢,还是从南美迁入的呢?

就在达尔文逝世后一年多的 1883 年 8 月,印尼的喀拉喀托岛火山爆发,原来的喀拉喀托火山的三分之二在爆发中消失,岛上原来的所有生物都在火山爆发中丧生。

令人惊奇的是,50 年之后,喀拉喀托岛上又是森林覆盖,鸟语花香,共有植物物种 270 多种,鸟类 30 多种,还有一些无脊椎动物,可见岛上生态系统恢复得多么快啊!

当然,这些生物并不是造物主的再创造,而是从附近的爪哇岛和苏门答腊岛上迁移过来的。而且"新移民"中最多的是通过种子扩散的植物,以及能够飞行的鸟类。

达尔文如果还活着的话,看到喀拉喀托岛的情形,该会多么高兴啊!他会说:你瞧,我早就告诉过你们,我的理论可以解释这种现象,而特创论却不能——喀拉喀托岛便是加拉帕戈斯群岛的重演!

好吧,让我们继续往下读,听他讲述更多令人信服的证据。

"四海之内皆兄弟"
生物的相互亲缘关系

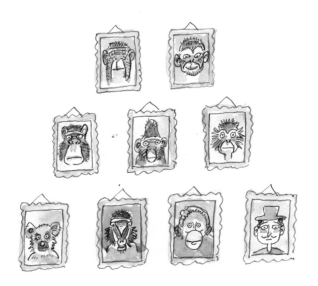

达尔文认为，万物共祖，因此所有生物之间多多少少都会沾亲带故。所以他极力主张，生物分类应该依据亲缘关系的远近来分，就像人类的家谱一样。只有依据谱系的分类，才是自然的分类。

生物是如何分类的？

我们在第二章中，简单地提到过生物的分类单元：界、门、纲、目、科、属、种等，还谈到大的类群之下再分成小的类群（亚群）。

"生物分类分明不像将星体归入不同星座那样随意。如果一个类群完全生活在陆上，而另一个类群完全生活在水中，一个类群完全适于食肉，而另一类群完全适于吃植物，那么，类群的划分也就太简单了。但是，自然界情形远不是这样，连同一亚群里的成员，也有十分不同的习性。"

分类学家根据"自然系统"，排列每一个纲里的种、属、科、目，把最相似的生物排列在一起，而把不相似的生物划分开来。

生物的"自然系统"

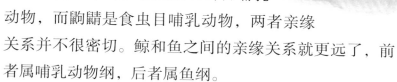

上面谈到了生物之间的相似与不相似。虽然老鼠与鼩鼱、鲸和鱼在外表上很相似，但这在生物分类上没有多大意义。因为这些相似，与生活习性密切相关，但不是由于密切的亲缘关系而遗传下来的。老鼠是啮齿目哺乳动物，而鼩鼱是食虫目哺乳动物，两者亲缘关系并不很密切。鲸和鱼之间的亲缘关系就更远了，前者属哺乳动物纲，后者属鱼纲。

两个或两个以上物种之间真实亲缘关系的性状，是那些从共同祖先遗传下来的性状，而不单单是那些外表相似的性状。比如，张三长得可能很像李四，但因为他们之间没有血缘关系，就不是一家人。在狗、猫、狼、狐狸、狮子、老虎当中，分类学家根据它们在谱系上的相近程度，把狗、狼和狐狸分成一类，叫犬科，而把猫、狮子和老虎分成另一类，叫猫科。

自然系统在排列上是依据谱系的，分类学家根据不同类群之间的亲近程度，把它们列在不同的属、亚科、科、目以及纲里。

你还记得不同类群是怎样产生的吗？

生物分类的纽带

不同的生物类群，由共同谱系（血缘）的纽带联系在一起，那么，让我们来回顾一下，在生物共同谱系之下，不同类群是如何产生的。

生存斗争是背后的推手

"在第二章与第四章讨论'变异'与'自然选择'时，我已试图表明，正是那些分布范围广、十分分散并且常见的物种，才是属于较大的属里的优势物种，也是变异最大的物种。"

达尔文还认为，正是这些优势物种所产生的变种或雏形种，最终变成了新的、不同的物种。根据遗传原理，它们倾向于产生其他新的优势物种。结果，现在那些大的、通常含有很多优势物种的类群，倾向于继续无限地增大。

由于生存斗争，每一物种的后代，都力争在大自然中，占据尽可能多、尽可能不同的地盘，它们的形体特征也不断地分化。因而在啮齿类中，既有打洞的老鼠，也有爬树的松鼠，还有生活在水中的河狸。

还是自然选择的结果

"凡是数量正在增加、性状正在分异的类型，不断地趋于排除以及消灭那些分异较少、改进不大的旧类型。因此，通过自然选择，从一个祖先传衍下来的变异了的后代，在类群之下又分裂成从属的类群。"

因此，自然选择解释了为什么生物隶属于层层相嵌的类群，也解释了为什么同一类群中出现不同的性状和习性。

生物共祖

这样一来，我们就能清晰地看出，所有的现生以及灭绝的类型，都能归入一个庞大的系统里，也就是说它们有着共同的祖先。每一个纲里的成员，通过最复杂的、辐射形的谱系线连在一起，形成了错综复杂的亲缘关系网。生物分类的目的，就是要理清生物相互间的亲缘关系。

因此，根据达尔文的演化理论，自然系统像家谱一样，在排列上是依据谱系血统的，而共同祖先的后代之间的亲近程度，是由属、科、目等来表达的。我们不再需要一个未知的造物主，来分别一一创造出各类生物。恰恰相反，在下面将要讨论的各方面证据面前，特创论更加显得漏洞百出。

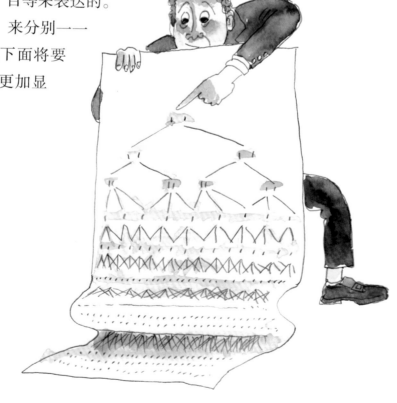

生存

形态学证据

形态学是研究生物器官的构造形态的学科。比如，我们的脑袋、手臂、心脏等器官，还有组成这些器官的骨头、肌肉、神经或血管等，它们长得什么样子？它们互相之间有什么关系？它们是怎样成为现在这个模样的？形态学是自然历史（博物学）研究中最有趣的学科之一，达尔文把它称为"自然历史的灵魂"。

型式的统一性

人手、马腿与蝙蝠翅膀

旁边图里所画的骨骼分别是：人的手臂、鼹鼠前肢、马的前腿、海豚鳍状肢以及蝙蝠翅膀。我们知道，人手是用来抓握东西的，鼹鼠前肢是用于掘土的，马腿是用来行走和奔跑的，海豚的鳍状肢是用来游泳的，蝙蝠翅膀是用于飞行的。它们的功能各不相同，但竟然都是由同一型式构成的，包含相似的骨头，处于同样的相对位置上，还有什么比这更为奇怪的呢？

"同一纲的成员，不论它们生活习性如何不同，但在体制结构的一般设计上，十分相似。这种类似性常被称作'型式的统一性'。换句话说，同一纲的不同物种的相同器官是同源的。"

116

同源器官

前面提到的人的手臂、鼹鼠前肢、马的前腿、海豚鳍状肢以及蝙蝠翅膀，起源相同，构造和部位相似，但功能和形态却不同，这在形态学上叫作同源器官。它们在形状和大小上，可能变化很大，但总是以同样的顺序连在一起。比如，我们从未发现过臂骨与前臂骨或大腿骨与小腿骨的位置颠倒过来的情形。所以，在极不相同的动物中，同源的骨头有相同的名称。

按照特创论的观点，这种现象怎么解释呢？为什么创造出相似的骨头，却被用于完全不同的目的呢？把它们造成这样外表不同、内部一致，是"造物主"故弄玄虚吗？

根据自然选择理论，就很容易解释了：每一个保存下来的变异，都对变异的类型有利，又由于生长相关性的缘故，常常会影响体制结构的其他部分。肢骨可能会缩短和加宽，而且可能逐渐地被包在很厚的膜里，变成了鳍；或者肢骨加长、联结它们的膜也跟着扩大，变成了翅膀。然而，这些变化不会改变原始型式或调换各部分的位置。

遗传的力量很大哦！

117

胚胎学证据

胚胎学是研究生物的胚胎形成和发育的学科。在达尔文之前，人们就发现，同一个纲里不同动物的胚胎，常常惊人地相似。甚至连同一门里的不同纲的动物，在胚胎发育的早期阶段，也很相似。比如，所有脊椎动物门的不同纲的动物，像鱼、蝾螈（两栖纲）、乌龟、鸡以及哺乳动物纲的猪、牛、兔和人，在胚胎发育初期，形态都十分相似（见图）。这是怎么回事呢？达尔文说，这还不简单吗？这正好说明了它们是从同一祖先那里演化来的呗。

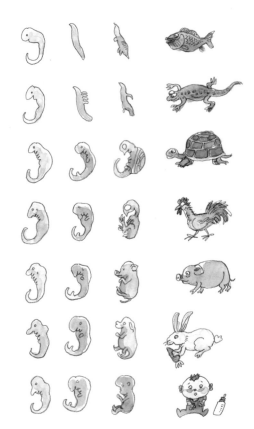

脊椎动物的胚胎很相似

阿格塞的粗心

为了说明上面这一点，达尔文举了个阿格塞粗心大意的例子：有一次，阿格塞在实验室里做实验，把一个脊椎动物的胚胎放在瓶子里，但是当时忘记在瓶子外面贴上标签，过了一段时间，他怎么也认不出它究竟是哺乳动物的，还是鸟类的或是爬行类的。因为这些动物在发育初期阶段，都有鱼类的鳃裂出现（但成熟以后，鳃裂就消失了）。

鳃是鱼类适应于水中呼吸的器官，为什么陆生鸟类、爬行类和哺乳类在胚胎发育初期也有鳃裂呢？

它们都是从鱼演化来的

　　同一个纲里极为不同的动物胚胎，在构造上彼此类似，与它们的生存条件常常没有什么直接关系。比如，在脊椎动物胚胎中，都出现过鳃裂，但我们不能假定这与相似的生活条件有关，请看：幼小哺乳动物滋养在母体的子宫内，鸟卵在巢中孵化，蛙类在水中产卵。这就像我们没有理由相信人的手、蝙蝠的翅膀、海豚的鳍中相同的骨头，是由于它们的生活条件相似一样。

　　因为胚胎呈现的是动物改变前的状态，因而它所揭示的是祖先的结构。在两个动物类群中，无论它们现在的构造与习性有多么不同，如果它们经过了相似的胚胎阶段，那就说明它们都是从同一祖先传衍下来的。因此，胚胎构造中的共同性，表明了世系传衍的共同性。无论成年个体的构造可能会有多大变异，但胚胎构造将会揭示这种世系传衍的共同性。

　　脊椎动物在胚胎发育初期都有鳃裂，只能说明它们的祖先都曾靠鳃来呼吸，因而它们都是从鱼演化来的。

祖先

退化或发育不全器官的证据

这种奇异的器官，在整个自然界中极为常见。比如，哺乳动物的雄性个体不喂奶，可是为什么还有退化的乳头？也有男人会得乳腺癌呢！在很多蛇类中，还留有骨盆与后肢的残迹。

"有些退化器官的例子十分奇怪：鲸的胎儿生有牙齿，而当它们成年后连一颗牙齿都没有；未出生的小牛的上颌生有牙齿，但从不穿出牙龈之外；在某些鸟类胚胎的喙上，发现有牙齿的残迹。翅膀的形成是用于飞翔的，这是再明显不过的了，但我们见到有多少昆虫，它们的翅膀缩小到根本不能飞翔，常常位于鞘翅之下，牢牢地接合在一起啊！"

发育不全器官

"退化器官有时还保持着它们的潜在能力，只是发育不全而已：雄性哺乳动物的乳头，似乎就是这种情形，因为有很多记录的例子显示，这些器官在雄性成体中发育完好而且分泌乳汁。牛也是如此，它的乳腺通常有四个发达的乳头和两个残迹的乳头；但在奶牛里，后两个有时变得发达，而且分泌乳汁。"

造物主为什么要自找麻烦呢？

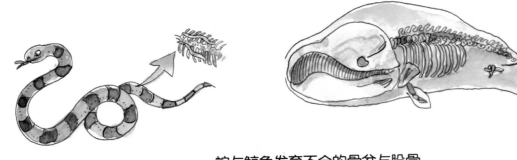

蛇与鲸鱼发育不全的骨盆与股骨

遗传的"包袱"

退化器官的存在，是由于生物体制结构的每一部分都有被遗传的趋向，而且这种趋向是一直长期存在的，所以按照达尔文的观点，退化器官的起源很容易解释。

"器官的不使用是主要原因：它在相继的世代中导致各种器官逐步缩小，直至它们成为退化器官，就像栖居在黑暗洞穴内的动物的眼睛，以及栖居在大洋岛上的鸟类翅膀的情形，这些鸟极少被迫起飞，最终丧失飞翔能力。"

前一种情况下，因为洞穴里面没有光线，动物成了瞎子，眼睛成了"摆设"。后一种情况下，大洋岛上没有猛兽，鸟类不需要逃避猛兽的捕猎，所以翅膀也派不上用场了。

鲸和蛇都是从四足动物演化来的，所以后肢作为残迹器官，仍旧保存在体内。

在我们身上，退化（残迹）或发育不全的器官也不少。比如，我们虽然不长尾巴了，但还有尾椎骨，因为我们的祖先是长尾巴的。我们还生有"智齿"和盲肠，它们常常会找我们的麻烦——没办法，它们也都是从远祖食草动物那里遗传下来的。

这些现象特创论都无法解释！

让我们复习一下《物种起源》九至十三章的要点

《物种起源》分成三部分，第一部分包括头四章，达尔文用来介绍他的理论；接下来四章，是化解他的理论可能会遇到的困难；第三部分包括第九至第十三章，他像律师出庭辩论那样，出示支持他理论的证据。

地质古生物学证据

● 地球历史很长，有足够时间，演化出如今多种多样的生物。

● 沉积间断很多，沉积物变成岩石后，还会受到侵蚀和破坏，地质（包括化石）记录很不完整，因此过渡类型的稀少和缺失，不足为怪。

化石记录阐明了生物演化和替代的一些规律：

● 物种一直在变化。

● 一个物种消失之后不会重现。

● 不同物种的变化速度不同。

● 新物种是从旧物种"改进"而来，不是造物主的新创。

● 古今所有生物类型组成一棵巨大的生命之树。

生物地理学的证据

达尔文对地球上生物分布的千奇百怪的现象，提出了一系列有趣的问题，然后，他试着分别用特创论和自然选择理论去解释，总是前者无法合理解释，而后者却一点儿困难也没有。

问题

● 为什么不同大陆气候和环境条件相似，生物类群却不同？

● 为什么同一大陆即使气候环境不同，生物类群也相同？

答案

生物共祖，它们在一处起源，然后向四处扩散，不同大陆之间有各种屏障阻隔，才会如此。

更多问题

● 为什么相距很远的地方存在着同一物种？

● 为什么河流、湖泊之间互不相连，却有同一物种的淡水生物？

● 为什么有些岛屿与大陆被大海分隔，却出现同一陆生物种？

答案

生物有各种奇特的扩散方法，可以越过屏障。但是，不能飞、不能游泳的陆生四足兽类不会出现在大洋岛上。

分类学、形态学、胚胎学、残迹器官证据

达尔文对这些证据信心十足：

"它们清晰地表明，栖居在这个世界上的无数的种、属与科的生物，在各自的纲或类群的范围内，都从共同祖先传衍而来，而且都在传衍过程中发生了变异，因此，即使没有其他事实或证据的支持，我也毫不犹豫地接受这一观点。"

祝贺你，你已读完《物种起源》这本大书！

达尔文老爷爷说：且慢，让我最后总结一下全书。

全书的要点
长篇的论争

在第十四章"复述与结论"中，达尔文对全书的内容做了总结。"由于全书是一本长篇的论争，因此我把主要的事实和推论，再简略地叙述一下，可能会给读者带来一些方便。"

复述自然选择理论面对的主要难点

● 如果物种是其他物种经过无数细微的变化逐渐演变来的，那么在自然界中，为什么我们看不到很多过渡类型呢？为什么我们看不到遍地都是非驴非马的四不像那样的生物呢？

● 像蝙蝠翅膀那样的构造和习性、像眼睛如此重要和奇妙的器官，真的能通过自然选择产生出来吗？

● 蜜蜂营造的蜂房，形状十分规则，既没有数学家帮忙计算，也没有建筑师帮忙设计，全是出自十分奇妙的本能。小宝宝一出世，没有人教，就知道怎样吃奶。那么，这种本能的获得和改变，能不能通过自然选择实现呢？

● 马和驴是不同物种，它们交配所生育的杂种骡子，是没有生育能力的。但是，同一物种内两个不同品种的狗，不管外表差异有多大，它们之间交配所产生的后代，却有生育能力。这又怎么解释呢？

下面达尔文一条一条地回答了这些难点。

难点不难

● 过渡类型的变种，曾经生存在中间地带，后来被自然选择淘汰；另外，生物构造和生活习性过渡的中间环节，也在自然选择使器官走向完善的过程中被淘汰。这些被淘汰的过渡类型，很少会侥幸保存成化石，地质记录又很不完整，也可能这些化石目前还没被发现。

● 任何器官，包括眼睛和蝙蝠的翅膀，它的完善要经过无数系列的逐级过渡，而每一级过渡，对生物本身都是有好处的。所有的器官都发生变异，哪怕程度极为轻微。最后，生存斗争导致了构造上的每一个有利变异得到保存，经自然选择逐渐累积，引起构造的重要变异，生物才能互相竞争，适者生存。

● 本能的完善，也经过无数过渡阶段，每一阶段对生物本身都曾是有用的。达尔文用了鸠占鹊巢、蚁类蓄奴、蜜蜂筑巢的例子，说明这些本能都不是天赋或特创，而是自然选择的结果。

● 达尔文用很多实例说明，变种与物种之间、混种与杂种之间、能育性与不育性之间，都是逐渐过渡、自然选择的，杂交不育性绝不是天赋的。

复述支持自然选择理论的一些例子

"如果我们看到生物在自然状态下确实有变异，而且有强大的力量总是在'蠢蠢欲动'地要发挥作用并进行选择，为什么我们对生物有用的一些变异，在异常复杂的生活关系中会得到保存、累积以及遗传，感到怀疑呢？如果人类能够耐心地选择对自己最为有用的变异，为什么大自然就不会选择对她自己的生物有用的变异呢？"

只有自然选择理论能解释这些怪事

● 在不长树的地方，竟会有一种像啄木鸟样的鸟，在地面上捕食昆虫。

● 生活在高地的鹅，很少或从来不游泳，脚上却长着蹼。

● 鸫鸟一般生活在地面上、善于奔跑，或生活在树上、善于飞行，但是竟会有一种鸫鸟，能够潜水并且吃水中的昆虫。

● 有一种海燕，具有海雀的习性与构造！

根据达尔文理论，每一物种都在繁增，自然选择总是使每一物种适应于任何自然界中未被其他物种占据或占据不稳的地方，那么，这些就不再是怪事了，或许是可以预料的了。

生物的适应和完善是相对的

由于自然选择是通过生存斗争而起作用的，当我们说自然选择使某一地方的生物得以适应，是指这些生物与当地的其他生物相比而言的。所以，任何一个地方的生物，尽管按照特创论观点被认为是特地创造出来并适应那个地方的，却被从另一个地方迁入的生物所击败并消灭掉，我们也没有必要大惊小怪。

另外，正因为自然选择只能通过累积细微、连续、有利的变异而起作用，所以在达到完善之前，有很多不完善的过渡状态。比如，蜜蜂的刺在螫了别人之后，会引起蜜蜂自身的死亡；产出如此大批的雄蜂，却仅为了一次的交配，其中大多数则被它们不育的姊妹们所屠杀；枞树花粉的惊人的浪费；蜂后对它能育的女儿们所持的本能的仇恨……还有其他类似的例子，我们也没有必要惊奇。根据自然选择理论，真正奇怪的倒是没有看到更多的缺乏绝对完善的例子。

如果每一个物种都是独立创造出来的话，那么，照理应该个个都是完美适应的。

127

生物在时间和空间上的分布规律

在漫长的地球历史上，气候和地理发生过很大变化，生物通过很多偶然的与未知的扩散方法，曾从世界某一处向另一处大量迁移过。根据遗传演化的理论，我们就能理解，生物在整个空间上的分布以及在整个时间上的地质演替，都被世系传衍的纽带所连结，而且变异的方式也是相同的。

时间上的地质演替

物种以及整群物种的灭绝，是自然选择的结果。因为旧的类型要被新的进步类型取代，世系传衍的链条一旦中断，无论是单独一个物种，还是成群的物种，都不会重现。

优势类型逐渐扩散，伴随着它们后代的缓慢变异，使得生物类型经过长期间隔后，好像是在全世界范围内同时发生变化似的。

所有灭绝生物与现生生物属于同一个系统，要么属于同一类群，要么属于中间类群，因为它们都从共同祖先传衍下来。

同一大陆上的近缘类型（如大洋洲的有袋类、美洲的贫齿类）长久延续，也不难理解，因为在同一地域内，由于世系传衍，现生与灭绝生物的亲缘关系自然密切。

空间上的地理分布

"在同一大陆上，在最多样化条件下，在炎热与寒冷之下，在高山与低地之上，在沙漠与沼泽之中，每一个大纲里的大多数生物都明显相关，因为它们通常都是相同祖先和早期移入者的后代。"

相反，两地环境条件相同，如果长期完全分隔的话，两地生物大不相同，也不奇怪。

"根据迁徙加上后来变异的观点，我们就能理解为什么大洋岛上只有少数物种，其中很多还很特殊。我们也能理解，像蛙类与陆生哺乳类那些不能跨越辽阔海面的动物，为什么在大洋岛上缺失。另一方面，为什么能够飞越海洋的新的、特殊的蝙蝠物种，往往出现在远离大陆的岛上。这些事实根据特创论，完全无法解释。"

加拉帕戈斯群岛以及其他美洲岛屿上，几乎所有的动植物，都和相邻的美洲大陆上的动植物密切相关，而佛得角群岛以及其他非洲岛屿上的生物，却与相邻的非洲大陆上的生物相关，这些事实根据特创论也无法解释。

所有这些事实根据达尔文的理论，都很容易得到解释。

生物学的证据

"所有灭绝与现生的生物，构成一个宏大的自然系统，在类群之下又分类群，而灭绝了的类群常常介于现生的类群之间，这一事实，根据自然选择连同它引起的灭绝与性状分异的理论，是可以理解的。"而根据特创论，每个物种都是造物主特别创造的，根本不存在这种自然系统关系。

成体形态与胚胎

人的手、蝙蝠的翼、海豚的鳍、马的前腿，骨骼框架相同；长颈鹿与大象，颈部的脊椎数目也相同。根据遗传演化理论，很容易解释。

蝙蝠的翼与腿，螃蟹的颚与腿，花的花瓣、雄蕊与雌蕊，用于完全不同的目的，但它们的型式相似，根据它们在早期祖先中相似、后来渐变的观点，也不难解释。

同样，我们也能理解，为什么哺乳类、鸟类、爬行类、两栖类以及鱼类的胚胎会十分相似，而成体形态却大不相像。呼吸空气的哺乳类和鸟类的胚胎，跟用鳃呼吸溶解在水中的氧气的鱼类，同样具有鳃裂，这样的怪事，根据特创论，是无论如何也难以解释的。

遗传的印记

当一个器官改变了习性（或在生活条件改变后）变得无用时，自然选择常常使它缩小。根据这一观点，我们就能理解退化器官的意义了。

然而，器官的不使用以及自然选择，一般是在每一生物达到成熟期，并且必须在生存斗争中发挥充分作用时，才有影响。而对于早期发育阶段的器官，就不太会有什么影响力。因此，这一器官在早期发育阶段，不太会被缩小或退化。

比如，小牛从生有发达牙齿的早期祖先那里，遗传继承了牙齿，但它的牙齿从不穿出上颌的牙龈。这是因为成年的牛的牙齿，在连续世代中已经缩小了，舌与腭通过自然选择，已变得不用牙齿帮忙反而更容易吃草。可是小牛的牙齿却没受到自然选择或不使用的影响，它们从遥远的过去一直被遗传到如今。根据特创论观点，像这种带有鲜明的遗传印记的退化器官，是多么不可思议啊！

哈哈，看到这里你一定熟悉了达尔文老爷爷的口头禅：这一点按照特创论观点无法解释，用遗传演化的理论很容易解释哦！

前肢退化

前肢退化

壮美的结尾

"当我们看生物不再像未开化人看船那样，把它们看作完全不可理解的东西的时候，当我们将自然界的每一产物，都看作是具有历史的东西的时候，当我们把每一种复杂的构造与本能，都看作是众多发明的累积，各自对它的持有者都有用处，几乎像我们把任何伟大的机械发明都看作无数工人的劳动、经验、理智甚至于错误的结晶的时候，当我们这样看待每一种生物的时候，自然史的研究（以我的经验来说），将会变得多么地更加有趣啊！"

胜利的喜悦

我们从上面这段话里，可以看出达尔文在即将完成《物种起源》时的喜悦心情。

他花了 20 多年的心血，终于完成了这部伟大的著作。他心里很清楚它的分量：

"我在本书中所提出的以及华莱士先生在《林奈杂志》所提出的观点，或者有关物种起源的类似的观点，一旦被普遍地接受之后，我们便能隐约地预见到，在自然史中将会发生相当大的革命。"

被后人称为"达尔文革命"的这一划时代著作，至今还是所有生命科学的基石。

132

结尾美文

凝视纷繁的河岸，覆盖着形形色色茂盛的植物，灌木枝头鸟儿鸣啭，各种昆虫飞来飞去，蠕虫爬过湿润的土地。想想看，这些精心营造的类型，彼此间多么不同，而又以如此复杂的方式相互依存，却全都出自作用于我们周围的一些法则，这真是很有意思。从广义上讲，这些法则就是：伴随着"生殖"的"生长"；几乎包含在生殖之内的"遗传"；由于外部生活条件的间接与直接的作用以及器官使用与不使用所引起的"变异"；"生殖率"极高而引起的"生存斗争"，并导致了"自然选择"，造成了"性状分异"以及改进不大的类型的"灭绝"。因此，经过自然界的战争，经过饥荒与死亡，我们所能想象的最崇高产物（即各种高等动物）便接踵而来。生命及其蕴含的力能，最初注入少数几个或单个类型之中；当这一行星按照固定的引力法则持续运行时，无数最美丽、最奇异的类型，就是从如此简单的开端演化而来，并仍然在演化之中。这样看待生命，多么宏伟壮丽啊！

《物种起源》出版后的达尔文

《物种起源》出版

　　1859 年 11 月 24 日，《物种起源》在伦敦由默里出版社出版，总共印刷了 1250 册，当天就卖得精光。当时在外地疗养的达尔文，很快收到了出版社寄给他的新书，他立即给远在印尼的华莱士寄去了一本，同时附上了一封短信，信中写道："天哪，上帝才晓得公众对这本书会有什么样的反应！"

一石激起千层浪

　　达尔文所指的"公众"，在当时来说，主要是指英国的上流社会和知识阶层。普通人那时连《物种起源》这本书也买不起，因为新书的定价是每本 14 先令，超过当时普通工人一周的工资。

　　《物种起源》出版以后，在很短时间内，就成了热门的话题。在科学界，支持和反对达尔文理论的人都不少。但由于它直接违背了上帝造物和物种不变的基督教教义，因此令教会和教徒们感到恐惧，并遭到他们的强烈反对。而宗教的力量十分强大。

　　据说一位贵妇人战战兢兢地对她的丈夫说：唉，我的天哪，让我们希望达尔文先生所说的不是真的。如果是真的话，让我们希望不要让人人都知道这是真的！

筋疲力尽的达尔文

达尔文在环球考察期间，染上了一种很奇怪的皮肤病，一直医治不好，时常会头晕、呕吐。在写作《物种起源》过程中，除了繁重的工作之外，疾病的困扰更使他痛苦不堪、筋疲力尽。在他终于写完这本书的时候，他曾写信告诉他的表哥说：这本讨厌的书，害得我好苦哦，我几乎要痛恨它了！

另一方面，《物种起源》的出版，也给达尔文带来了巨大的愉悦。20多年的辛勤劳动，终于有了收获。他在给出版商默里的感谢信里说："谢谢你做了件漂亮的工作，要知道这本书就是我的孩子啊！"

沉默是金

被达尔文自称为"一本长篇的论争"的书虽然出来了，但他心里明白，这场论争才刚刚开始。但他已经筋疲力尽，况且他还有更多的工作要做、更多的书要写，他不想陷入无休止的大论战。

他还清楚，论战双方都有他所敬重的人，反对他的理论的人当中，有他在剑桥的地质学教授塞奇维克以及英国动物学大腕欧文。性格温和的他只好保持沉默，最好要有人代他参战才成。

他们会是谁呢？

牛津大辩论

在这场大论战中，支持达尔文最有力的人，大多是他的好朋友，其中要数莱尔、胡克、格雷和赫胥黎最有名了。格雷是美国哈佛大学的植物学教授，他对达尔文理论在美国的传播和支持最为得力。在英国，赫胥黎是自告奋勇打头阵的先锋，《物种起源》出版后一个月，《泰晤士时报》上登载了一篇很长的介绍和评论的文章，大力支持和赞扬达尔文的理论，它就出自赫胥黎之手。

赫胥黎

达尔文的斗犬

那时赫胥黎才30多岁，却已经是英国皇家学会的会士以及金质奖章获得者；他是著名的解剖学家和演说家，是当时英国科学界著名的少壮派代表人物。

他读完《物种起源》后，对达尔文的论证非常佩服，感叹地说：我多么笨啊，我怎么就没有想到这些呢？

他给达尔文写了封信，信中表示：除非我的猜测大错特错，您的理论将会被歪曲和误解。那样的话，请您相信，您的朋友们会站出来为您辩护。我正在磨利我的爪子和牙齿，时刻准备战斗。

"达尔文的斗犬"赫胥黎，没等多久，就披挂上阵啦！

赫胥黎舌战大主教

1860 年 6 月 30 日，英国科学促进会年会在牛津大学礼堂召开。那天是星期六，来了不少看热闹的人，一共 700 多人参加。

牛津大主教韦伯富士，前一天由欧文亲自"训练"了一番，今天满怀信心地走上讲台，对达尔文理论展开了恶毒攻击。在讲得洋洋得意时，他挑衅地问台下的赫胥黎："如果你认为人类是由猴子变来的，那么请问是你爷爷那一方还是你奶奶那一方，是从猴子变来的呢？"

这个问题自然引起了反对演化论的人们的喝彩和哄笑。可是，赫胥黎不羞不恼，悄悄地对身边的朋友说："他今天落到我的手中了！"

等到主持人让赫胥黎发言时，他不慌不忙地走上台，冷静地简要介绍了演化论，并一一反驳了韦伯富士大主教对演化论的荒谬指责。最后，他彬彬有礼地把目光转向台下的大主教，说："一个是猿猴，一个是很有才华，但却利用他的才华把荒谬的言论引入严肃的科学讨论的人，如果让我在这两者之间选择爷爷的话，那么我会毫不犹豫地选择猿猴做我的爷爷！"

话音一落，掌声雷动。

新证据的涌现

　　《物种起源》发表以来的150多年中，支持"通过自然选择而演化"这一理论的新证据，不断地涌现出来，显示出达尔文理论的强大生命力。在科学范围内，虽然在一些细节上，我们发现《物种起源》中可能存在这样或那样的缺陷，但达尔文理论的整体框架，却是牢固而不可动摇的。而且随着时间的推移，越来越多的科学发现，证实了达尔文的很多预见。

始祖鸟

　　《物种起源》发表后两年（1861）不到，在德国就发现了始祖鸟的骨骼化石。发现这块化石的人，为了抵消医疗费，把它送给了自己的医生，这位医生把化石卖给了大英自然历史博物馆。当时任大英博物馆馆长的欧文，出了很高的价钱（相当于博物馆全年的财政经费），买下了这块化石，经研究后定为"始祖鸟"。

　　始祖鸟既有牙齿、翅膀上生有爪子等爬行类特征，也有羽毛等鸟类特征，是典型的介于爬行类与鸟类之间的过渡类型。达尔文在《物种起源》第四版（1866）中，及时引用了欧文研究的始祖鸟，来支持自己的理论。

鸟类起源于恐龙

有趣的是，欧文不仅描述了第一个始祖鸟的骨骼化石，而且恐龙这个名字也是他起的。

赫胥黎注意到鸵鸟、始祖鸟和恐龙的骨骼之间，有不少相似之处，大胆提出了鸟类起源于恐龙的假说。

达尔文在《物种起源》第五版（1869）中，请人们注意赫胥黎的观点，并再次强调了始祖鸟属于爬行类与鸟类之间的过渡类型。

但是，欧文坚持始祖鸟是百分之百的鸟类，而不是什么过渡类型。

可是赫胥黎发现，欧文在描述始祖鸟时，犯了一些基本的错误，因此他认为欧文的观点，是建立在错误的化石描述上的，根本站不住脚。始祖鸟就是化石记录中的过渡类型，是支持达尔文理论的新证据。

花那么多的钱，买来了始祖鸟的标本进行研究，结果反而被达尔文和赫胥黎拿去作为支持演化论的证据，大概欧文连肠子都悔青了。

100多年后，在我国辽宁省西部，陆续发现了大量的带羽毛的恐龙化石、长有四个翅膀的恐龙化石，还有很多最原始的鸟类化石。现在大多数古生物学家们都认为鸟类起源于恐龙。

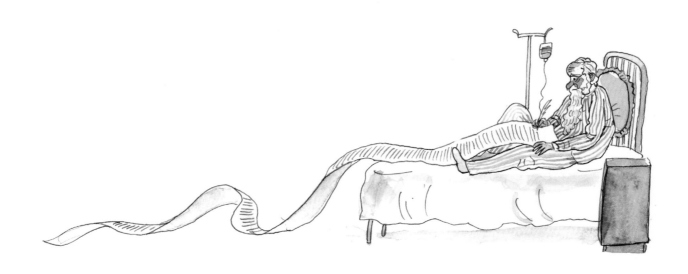

不停地写作

从《物种起源》第一版问世的 1859 年，到达尔文去世的 1882 年，这中间不到 23 年的时间里，达尔文一边与病魔搏斗，一边不停地写作。而传播和捍卫他的理论的任务，主要落在了赫胥黎等人身上。

《物种起源》的六版

在《物种起源》公开发行的当天，出版商默里先生就写信给达尔文，请他立即对第一版做修改，因为出版社很快要出《物种起源》第二版。由于达尔文还在病中，他只做了极少的修改。《物种起源》第二版于 1860 年 1 月 7 日上市。

在此后 12 年间，《物种起源》连续出了第三版（1861）、第四版（1866）、第五版（1869）及第六版（1872）。尤其是从第四版开始，达尔文为了应对别人的批评，做了大量的修改，以至于第六版的篇幅比第一、第二两版多出了三分之一。

想想看，对达尔文这个病人来说，光是修改和校阅这么多版本的书稿，要花去他多少的时间和精力啊！

况且，他还要接待访客、写很多书信、继续做研究，还要完成《物种起源》的姐妹篇——《人类的由来与性选择》。

当然，还不止这些……

如此高产的作者

下面这张书单，列出了达尔文在他生命的最后20年里出版的10本书，平均每两年一本书：

- 1862年：《不列颠与外国兰花经由昆虫授粉的各种手段》
- 1868年：《动物和植物在家养下的变异》
- 1871年：《人类的由来与性选择》
- 1872年：《人类与动物的感情表达》
- 1875年：《攀缘植物的运动与习性》
- 1875年：《食虫植物》
- 1876年：《异花授精与自体授精在植物界中的效果》
- 1877年：《同种植物的不同花型》
- 1880年：《植物运动的力量》
- 1881年：《腐殖土的产生与蚯蚓的作用》

在这期间，他常常被疾病折磨得生不如死，他称之为"活地狱"。但是，他从来没有放弃自己的研究工作，从来没有停止写作。他的工作习惯已经成为他生命的一部分，他对大自然的好奇心，从来没有丝毫减弱。

正如我一开始就谈到的，达尔文是富家子弟，做科学研究完全是出于自己的爱好，并不是为了赚钱。正因如此，他才能够静下心来做学问，不受外界的干扰，最终取得了巨大的成就。

长眠在西敏寺大教堂

1882 年 4 月 19 日下午，达尔文因心脏衰竭，在家中安静地去世，享年 73 岁。达尔文的家人原来打算把他安葬在达尔文家庭墓地，但在赫胥黎等人的推动下，经英国议会 20 多位议员的联名请愿，达尔文被安葬在伦敦的西敏寺大教堂，与英国历史上的杰出人物牛顿、乔叟、莱尔等人为伴，他的墓与牛顿的墓相邻。

死后的哀荣

达尔文逝世的消息传开后，全世界各大报刊都刊登了讣告，对达尔文的贡献给予极高的评价。英国《泰晤士时报》的讣告写道：至少要回溯到牛顿甚至哥白尼，才能发现一个对人类思想的影响可以与达尔文相比的人。无论科学今后如何发展，达尔文将永远是科学思想和科学调查的巨人之一。

1882 年 4 月 26 日，达尔文的葬礼在伦敦西敏寺大教堂庄严举行。这是国葬，包括伦敦市长、各国大使、英国国会议员、各大学校长以及各科学学会会长在内的社会各界人士，参加了葬礼。抬棺材的人中包括华莱士、赫胥黎、胡克以及英国皇家学会会长和剑桥大学校长等。

"比红宝石还珍贵"

达尔文的妻子爱玛，没有出席西敏寺大教堂的葬礼，而是守在她和达尔文居住了40年的家中，那里有太多的记忆……

西敏寺大教堂里座无虚席，没有拿到入场券的人们，靠近四周的墙壁站立着。管风琴演奏着贝多芬和舒伯特的音乐。合唱团演唱为达尔文葬礼专门谱曲的赞歌，歌词出自基督教《旧约全书》："发现智慧、得到理解的人是幸福的。……她比红宝石还珍贵，一切你所期盼的东西，都不能与她相比。"

这时，很少有人依然怀疑演化论的真实性。如同"哥白尼革命"颠覆了地球是宇宙中心的论断，"达尔文革命"推翻了人类是生物主宰的观点。达尔文的声誉，达到了一个科学家所能达到的顶峰。

而达尔文在总结自己一生时，竟这样说：像我这样一个能力一般的人，居然在很大程度上影响了人们在某些重要方面的信念，真是有点儿不可思议。

或许他对自己的成功感到有点儿惊讶？或许是他一贯的谦虚？

但是，在他逝世后接下来的近50年中，就要进入他的"黯然失色期"了。

达尔文的"黯然失色期"

达尔文去世后，19世纪接近尾声，此时的社会、科学和文化氛围，跟《物种起源》出版时相比，已经发生了很大变化。大部分人已经接受生物演化的事实，除了达尔文在《物种起源》里提供的很多证据之外，越来越多的化石发现，也进一步支持了演化论。奇怪的是，随着演化论受到越来越广泛的接受，达尔文的影响似乎也在逐渐减小。尤其是他的自然选择学说，受到了新的挑战。

两条轨道没有相接

自然选择的对象——变异是如何产生的？它的遗传机制究竟又是什么？这是达尔文一直没有搞清的问题，也是自然选择学说的"软肋"。

我们已经谈过，其实在1865年，孟德尔就用豌豆实验，解决了这个问题，并发表了他的实验结果。只是当时没有引起大家的注意，似乎也没引起达尔文的注意。

也有人说，达尔文即使看到，恐怕也理解不了，因为他缺乏数理统计知识。

孟德尔虽有一本德文版《物种起源》，但他大概也没有领会到自己的发现会对达尔文自然选择学说有什么帮助。

孟德尔被重新发现

达尔文弄不清遗传机制，只好相信"混融遗传"[1]。但苏格兰工程师詹金却不同意。他说，如果这样的话，就像混合黑油彩和白油彩，得到的是灰色油彩。灰色油彩之间再混合，也不会得到黑油彩或白油彩。个体变异也是如此，经过几个世代的杂交混融，会被不断稀释，不仅得不到积累，反而会彻底消失。

1900 年，荷兰植物学家狄弗里斯重新发现了孟德尔遗传定律以及遗传因子说。根据孟德尔实验，这种遗传因子不像可以混融的油彩，而是"时隐时现"的粒子。1911 年以后，摩尔根通过果蝇实验，建立了基因概念。他把孟德尔的遗传因子与性染色体对应起来，这样一来基因就有了物质基础。

小小果蝇立大功

从摩尔根直到今天研究新基因产生的龙漫远教授，都用果蝇做实验。因为果蝇换代很快，一只雌果蝇孵出几小时后就能交配，10 天左右就完成一个世代。另外，果蝇有一些很容易鉴别的特征，染色体数目也不大，因此比较容易观察它们的形态变化和基因组成，对遗传学研究贡献很大。

---

[1] "混融遗传"是基于当时人们对遗传的认识，认为来自父母双方的遗传物质，在孩子身上就像把不同颜色的油彩搅和在一起那样，可以混合融汇起来，便有了"混血儿"的说法。现代遗传学告诉我们这是不科学的，由于基因是数码的、可数的，因而是不可混合的。因此，白种人和亚裔结合所生的所谓"混血儿"的眼珠，要么是蓝色的，要么是黑色的，而不会是半蓝半黑的。

"现代综合系统学"

达尔文的自然选择学说被冷落了近50年，到了20世纪40年代，与新兴的孟德尔遗传学结合，解决了他头痛的遗传机制问题，一下子"起死回生"啦！这就形成了"现代综合系统学"，又称"新达尔文主义"。

新学派的奠基

为"现代综合系统学"打下理论基础的"三剑客"，都是遗传学家，他们是英国的费舍尔、赫尔丹和美国的赖特。

他们为演化遗传学奠定基础的著作，发表在20世纪30年代初。费舍尔发现演化发生在一个物种内的大的群体中，并建立了一个数学模型，显示了优势新基因的频率会在这个群体内增加。他认为这是由于自然选择的作用而产生的，并且能固定下来。

赫尔丹研究了自然选择如何在长时期内定量[1]地改变一个物种内部的群体。赖特提出了"基因漂移"的概念，指出一些偶然的事件可以改变群体的基因组成，比如，一种猎食动物把一对父母的后代都吃光了，或者一场天灾把一个孤立群体的大多数成员都毁灭了。这说明演化的发生是有偶然性或随机性的。

---

[1] 定量是一种可以测量的物理性质，是与"定性"（即确定物质的性质或成分）相对的概念。比如说，我们说姚明个子很高，这是"定性"的，因为这只说明他比常人高，但他究竟有多高呢？如果我们说姚明有2.26米高，那么这就是"定量"的了。

DNA 双螺旋结构

1953 年，沃森和克里克在《自然》杂志上发表了 DNA 双螺旋结构的模型。他们提出，生物遗传的基本信息，全都储存在连接两个螺旋的 DNA 里面。

这样一来，遗传物质不仅在身体的每一个细胞里面，而且像电脑程序一样是编码的！电脑信息是以 0 和 1 编码的，而人类的遗传信息是由 As、Ts、Cs 和 Gs 编码的——这是多么神奇啊！

转眼间，"生命之谜"打开了。

原来达尔文一直都是正确的：人和猿共祖——黑猩猩跟我们的基因有 98%—99% 的相似，呵呵，原来我们是表兄弟；万物共祖——连果蝇的基因跟人类的基因组都有 75% 的相似。

基因库简直就像一大摞扑克牌，基因组就像是打牌时手里摸到的一副牌。每一副牌相当于一个世代。由于每洗一次牌之后，摸到的牌都会不同，也就是说各种牌出现的频率经常改变，就出现了变异——这就是演化啊！

在表型上反映出来就是个子高点儿、头发卷点儿、眼珠子蓝点儿……

自然选择像雕塑家手中的工具，在生物的身上尽情雕琢着。

20 世纪 60 年代的地球科学革命，同样奇妙。

板块构造

　　还记得在"地理分布"一章中提到过的陆桥吧？后来有人在法国和美国分别发现了三趾马化石，可是没办法解释它们是怎么穿越大西洋的，于是就在大西洋上画了个陆桥！现在听起来好笑，可是科学家当时就是这么做的。尽管达尔文认为，生物能以许多偶然的传布方式越过地理屏障扩散开来，但他也承认，陆地上的四足动物是没办法漂洋过海的——史前生物既不能搭轮船也不能坐飞机。直到 20 世纪 60 年代末，地球科学发生了一场革命，板块构造理论建立，这些问题才解决。

2.25 亿年前

1.35 亿年前

今天

地球上所有大陆曾经连在一起

　　其实早在 1912 年，德国气象学家魏格纳就注意到：沿着非洲与南美相对的海岸线，可以像做拼版游戏那样把两个大陆拼合起来，而且发现两边沿岸的地层也是相同的。

更奇怪的是，一种叫中龙的化石，只在非洲和南美发现过，而这种动物生活在陆地水域里，是不可能横渡大洋的。

他认为在地球历史上，所有大陆曾经连在一起，叫"泛大陆"或"超级古陆"。那时候，生物的迁移和扩散是畅通无阻的。

大陆漂移

大约 2 亿年前，泛大陆开始分裂成两大块，北方的叫劳亚古陆，南方的叫冈瓦纳古陆或南方古陆。后来，这两块古陆，继续分裂成更小的陆块，这些陆块漂移开来，又重新拼接组合，变成现在各大陆的形状和位置。

旁边图里是组成冈瓦纳古陆的一些陆块，以及几种动植物的分布。按照大陆漂移学说，就很容易解释这些动植物的分布。否则，它们的分布就很难解释。

就像达尔文不知道遗传机制一样，魏格纳也说不出大陆漂移的动力机制，所以，大多数地质学家没拿他当回事儿。

到了 20 世纪 60 年代，地球物理学家发现海底的岩层很年轻，而且在大西洋洋中脊两边地层的年龄是对称的，离洋中脊越远，地层越老。因此洋中脊是地幔对流上升的地方，新的大洋地壳在这里形成，并被持续不断涌上来的热流向两侧推进。哈！原来大陆漂移的驱动力就是地幔对流。这样一来，就像达尔文学说与遗传学结合形成现代综合系统学一样，地球物理学与大陆漂移学说的结合，形成了板块构造理论。

《物种起源》在中国

达尔文的理论传播到中国的时间，还是相当早的。1873 年，上海《申报》上刊登了一条"新书资讯"，介绍了英国博士"大蕴"发表的新书《人本》。"大蕴"是达尔文名字当时的译音，《人本》是指他于 1871 年出版的《人类的由来及性选择》。而这本书是《物种起源》出版后，达尔文续写的姐妹篇。当时的清朝大臣李鸿章，正在推行洋务运动，所以达尔文学说在中国传播很快。

物竞天择

中国人没有相信上帝造物的基督教传统，所以对演化论的接受根本没有什么困难。加上自鸦片战争以来，中国受到西方列强的侵略和欺凌，对"物竞天择"和"适者生存"的概念，很容易产生共鸣并接受。

留英"海归"严复，在 1895 年编写了《天演论》，他是从赫胥黎《进化论与伦理学》一书中，抽出来介绍达尔文演化论的部分内容，并且加进去他自己的很多见解和想法而完成此书。

而《物种起源》最早的中译本，是留学德国的马君武用文言文翻译的，在 1903 年发表，但只有两章，而全书翻译的完成还要等 17 年。

百年误读

马君武 1903 年发表的两章译文，是《物种起源》最重要的两章：第三章"生存竞争"和第四章"自然选择"，分别以《达尔文物竞篇》和《达尔文天择篇》的单行本出版。1920 年，马君武发表了全书的译本——《达尔文物种原始》。

值得注意的是，《物种起源》传入中国后，被严复、梁启超、孙中山等期待变革强国的人物，拿来作为变革社会的希望，因而，他们把自然选择理论，更多地当成了社会学的理论去解读和宣扬。《物种起源》原来的生物学价值，反而被忽略了。从某种意义上来说，这本书在很长时期内被很多人误读了。

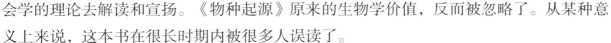

白话文《物种起源》

直到 20 世纪 50 年代，也就是《物种起源》问世近 100 年后，才有白话文的中文译本出现，这就是由周建人、叶笃庄和方宗熙合译的《物种起源》第六版，也是在中文世界影响最大的一个版本。

2009 年是达尔文诞生 200 周年、《物种起源》问世 150 周年，世界各国都举行了隆重的纪念活动。中国在北京大学举办了纪念达尔文的国际学术研讨会。

结束语

2012年10月，英国《新科学家》杂志公布了最具国际影响力的十大科普书籍的评选结果，《物种起源》排名第一，并被称为是"有史以来最重要的思想"。有趣的是，启发达尔文形成自然选择理论的书籍——马尔萨斯的《人口论》，反倒排在第九名。由此可见，《物种起源》对人类思想和科学事业的深远影响。

你现在是个受过正规教育的人

已故著名遗传学家杜布赞斯基有句名言："要是没有演化论的话，生物学里的一切都说不通。"你看，《物种起源》多么重要！

芝加哥大学演化生物学家科依恩，写了一本很棒的科普书《为什么演化论是真理？》，他说过一句很有意思的话：读没读过《物种起源》，应该成为衡量一个人是否受过正规教育的标准之一。

哈哈，祝贺你！你现在算是受过正规教育的人啦！

虽然这是一句调侃的话，我还是要感谢你和我一起把《物种起源》看了个大概。等你长大以后，我希望你再去阅读我翻译的《物种起源》（第二版）全书。那时，你才真正算得上受过正规教育的人哦。

致　谢

首先，我要感谢你以及所有这本书的读者朋友们，因为你们才是我写这本书的动力所在。

我当然要感谢达尔文他老人家，没有他，压根儿就不可能会有这本书。

我还要感谢接力出版社总编辑白冰先生，编辑胡金环女士对我的信任、鼓励和帮助，这本书才能跟你们见面。当然，我还不能忘了果壳阅读的史军先生，是他在国家动物博物馆听了我的《达尔文与"物种起源"》的讲座后，建议我为小朋友们写本书，并向胡金环女士推荐了我，才促成这本书的写作和出版。

我十分感谢本书的合作者、画家郭警先生，是他的插图为本书增色添彩。

我至为感谢叶永烈先生和周忠和院士为本书作序，他们能在百忙之中关注少儿读物，令我感激不尽。

我的朋友张弥曼院士、周忠和院士，一如既往地鼓励我，我也不能忘了感谢二位。

在翻译《物种起源》以及创作本书的过程中，我阅读了大量有关达尔文生平和著作的文献，尤其是珍妮特·布朗的《达尔文的〈物种起源〉》（Janet Browne, 2006, Darwin's Origin of Species）和戴斯蒙与摩尔的《达尔文》（Adrian Desmond & James Moore, 1991, Darwin），最有助益。

苗德岁
2013 年 5 月 10 日写于美国堪萨斯大学

关于作者

苗德岁，古生物学家。毕业于南京大学地质系，中国科学院古脊椎动物与古人类研究所理学硕士。1982 年赴美学习，获怀俄明大学地质学、动物学博士，芝加哥大学博士后。现供职于堪萨斯大学自然历史博物馆暨生物多样性研究所，自 1996 年至今任中国科学院古脊椎动物与古人类研究所客座研究员。

1986 年，苗德岁荣获北美古脊椎动物学会的罗美尔奖，成为获得该项奖的第一位亚洲学者。除在《自然》《科学》《美国科学院院刊》等期刊发表古脊椎动物学研究论文 30 余篇外，还著有英文古脊椎动物学专著一部，并编著、翻译、审定多部专业、科普及人文类的中英文著作。曾任《北美古脊椎动物学会会刊》国际编辑、《中国生物学前沿》（英文版）编委以及《古生物学报》海外特邀编委，现任《古脊椎动物学报》和"Palaeoworld"编委。

关于本系列

　　"少儿万有经典文库"是专为 8—14 岁少年儿童量身定制的一套经典书系，本书系拥抱经典，面向未来，遴选全球对人类社会进程具有重大影响的自然科学和社会科学经典著作，邀请各研究领域颇有建树和极具影响力的专家、学者、教授，参照少年儿童的阅读特点和接受习惯，将其编写为适合他们阅读的少儿版，佐以数百幅生动活泼的手绘插图，让这些启迪过万千读者的经典著作成为让儿童走进经典的优质读本，帮助初涉人世的少年儿童搭建扎实的知识框架，开启广博的思想视野，帮助他们从少年时代起发现兴趣，开启心智，追寻梦想，从经典的原点出发，迈向广袤的人生。

本系列图书

《物种起源（少儿彩绘版）》　《天演论（少儿彩绘版）》　《国富论（少儿彩绘版）》　《山海经（少儿彩绘版）》　《本草纲目（少儿彩绘版）》　《资本论（少儿彩绘版）》　《自然史（少儿彩绘版）》

《天工开物（少儿彩绘版）》《共产党宣言（少儿彩绘版）》《天体运行论（少儿彩绘版）》《几何原本（少儿彩绘版）》《九章算术（少儿彩绘版）》《化学基础论（少儿彩绘版）》

即将出版

《梦溪笔谈（少儿彩绘版）》《乡土中国（少儿彩绘版）》《徐霞客游记（少儿彩绘版）》